T0281424

BestMasters

Mit „BestMasters" zeichnet Springer die besten Masterarbeiten aus, die an renommierten Hochschulen in Deutschland, Österreich und der Schweiz entstanden sind. Die mit Höchstnote ausgezeichneten Arbeiten wurden durch Gutachter zur Veröffentlichung empfohlen und behandeln aktuelle Themen aus unterschiedlichen Fachgebieten der Naturwissenschaften, Psychologie, Technik und Wirtschaftswissenschaften. Die Reihe wendet sich an Praktiker und Wissenschaftler gleichermaßen und soll insbesondere auch Nachwuchswissenschaftlern Orientierung geben.

Springer awards "BestMasters" to the best master's theses which have been completed at renowned Universities in Germany, Austria, and Switzerland. The studies received highest marks and were recommended for publication by supervisors. They address current issues from various fields of research in natural sciences, psychology, technology, and economics. The series addresses practitioners as well as scientists and, in particular, offers guidance for early stage researchers.

Julian Plack

Herausforderung Mathematik im ersten Semester der Ingenieurwissenschaften

Eine exemplarische Untersuchung von Studienbeginn bis zur ersten Klausur zum mathematischen Basiswissen

 Springer Spektrum

Julian Plack
Siegen, Deutschland

ISSN 2625-3577   ISSN 2625-3615   (electronic)
BestMasters
ISBN 978-3-658-39550-6   ISBN 978-3-658-39551-3   (eBook)
https://doi.org/10.1007/978-3-658-39551-3

Die Deutsche Nationalbibliothek verzeichnet diese Publikation in der Deutschen Nationalbibliografie; detaillierte bibliografische Daten sind im Internet über http://dnb.d-nb.de abrufbar.

Planung/Lektorat: Marija Kojic
Springer Spektrum ist ein Imprint der eingetragenen Gesellschaft Springer Fachmedien Wiesbaden GmbH und ist ein Teil von Springer Nature.
Die Anschrift der Gesellschaft ist: Abraham-Lincoln-Str. 46, 65189 Wiesbaden, Germany

Geleitwort

Herr Plack adressiert in der vorliegenden Masterarbeit ein beinahe klassisches aber nichtsdestotrotz hochaktuelles Thema: Immer noch brechen überdurchschnittlich viele Studierende ein Studium in mathematikhaltigen Studiengängen vorzeitig ab. Eine Hypothese für die Ursachen liegt in hohen mathematischen Anforderungen sowie Mängeln in den mathematischen Grundkenntnissen der Studierenden. Herr Plack präsentiert dazu quantitativ ausgewertete Ergebnisse einer Fragebogenstudie unter Studierenden der Ingenieurwissenschaften. Dabei liegt ein besonderes Erkenntnisinteresse des Autors auf „Zusammenhängen zwischen den erhobenen Eingangsparametern und der Lernstandserhebung zu Beginn des Studiums und der Klausur am Ende des Semesters". Dazu kombiniert Herr Plack auf nachvollziehbare und stimmige Weise Erkenntnisse aus der Interpretation punktueller quantitativer Erhebungen und setzt diese in Beziehung zu längerfristigen Beobachtungen über ein Semester hinweg.

Im ausführlichen der Arbeit zu Grunde liegenden theoretischen Teil zeigt Herr Plack an jeder Stelle ein umfassendes (Hintergrund-) Wissen auf und es gelingt ihm, eine sehr gute Balance zwischen inhaltlicher Tiefe auf der einen und inhaltlicher Breite auf der anderen Seite. Spannend ist dabei zu verfolgen, dass Herr Plack einen sehr reichhaltigen multiperspektivischen Blick auf die Übergangsproblematik Mathematik in den Ingenieurwissenschaften eröffnet. So wird einerseits beispielsweise auf den eher stofflich orientierten sogenannten „COSH-Katalog" verwiesen, andererseits thematisiert Herr Plack auch den in der einschlägigen Literatur beschriebenen Kultur- oder Abstraktionsschock, den Studierende erleben (können), wenn Sie von der schulischen in die hochschulische Mathematik wechseln. Dazu folgt neben stoffdidaktischen Fragestellungen eine konzise und stimmige Darstellung von Vorarbeiten zu diesem Thema.

In wissenschaftlicher Qualität und Breite der Herangehensweise für eine Masterarbeit durchaus bemerkenswert, kombiniert Herr Plack dabei Daten, die Mittels Lernstandserhebungen und Fragebögen über ein Semester erhoben wurden. Dabei ist herauszuheben, dass Herr Plack für seine Studie tatsächlich 95 Studierende befragen und letztlich 93 für die Auswertung nutzbare Datensätze auswerten konnte. Mit Blick auf die zu erhebenden Grundkenntnisse hat sich Herr Plack dabei – aus dem Forschungsdesign entsprechend nachvollziehbaren Gründen – insbesondere auf Inhalte der Sekundarstufe I bezogen. Dabei ist herauszuheben, dass Herr Plack sein wissenschaftliches Forschungsinstrument sehr behutsam und reflektiert einzusetzen und einzuordnen weiß. Dabei zeigt er auch Sensibilität für weiteres Entwicklungspotential der Erhebungsinstrumente. Herrn Plack ist es dabei im Sinne einer guten wissenschaftlichen Praxis extrem wichtig, die einzelnen Items sehr gut zu beschreiben und hinsichtlich Ihrer Validität im Sinne des Forschungsdesigns zu beschreiben. Die sehr sorgfältige Herangehensweise zeigt sich in Kapitel 6. Hier stellt der Autor die betrachteten Korrelationen dar und macht auf kompetente Weise Aussagen zu möglichen Interpretation der statistischen Daten.

Letzten Endes zeigt die Studie, dass die Studierenden tatsächlich bei Aufnahme ihres Studiums in signifikanter Zahl Defizite hinsichtlich grundlegender Rechenfertigkeiten zeigen. Dieser Faktor erscheint, so ein Ergebnis der Arbeit, ein wesentlicher Prädiktor für den Ausgang der Semesterabschlussklausur zu sein.

Insgesamt war es eine Freude, die Arbeit von Herrn Plack zu betreuen. Umso mehr freut es mich, dass er der Mathematikdidaktik als Forschungsdisziplin erhalten bleibt!

Danksagung

Zunächst möchte ich mich bei allen bedanken, die mich während des Prozesses der Anfertigung meiner Masterarbeit betreut, unterstützt und motiviert haben.

Ein großer Dank geht an den Erstgutachter, Herrn Prof. Dr. Ingo Witzke und den Zweitgutachter, Herrn Dr. Jochen Geppert, die durch unterstützende, motivierende, aber auch kritische Worte zum Fortgang dieser Arbeit beitrugen.

Bedanken möchte ich mich auch bei Herrn Prof. Dr. Robert Plato, der der Verantwortliche für die Veranstaltung der Höheren Mathematik I ist und der mich diese Studie in den Tutorien hat durchführen lassen. Ferner danke ich ihm für die planenden Gespräche vor der Durchführung, die diese erst ermöglichten.

Ein besonderer Dank geht auch an die Teilnehmenden dieser Studie, ohne die diese Arbeit nicht hätte entstehen können. Dankbar bin ich für die zusätzliche Zeit, die mir im Anschluss an die Tutorien zur Verfügung stand, damit die Studierenden an der Studie teilnehmen konnten.

Des Weiteren möchte ich meinen Tutoren-Kollegen danken, die mir Zeit gaben, sodass ich in deren Tutorien die Studie habe durchführen können.

Zu guter Letzt möchte ich einen Dank an meine Frau Sophie Plack ausrichten, die mich in allen Stimmungslagen unterstützte und während der Bearbeitungszeit stets ein offenes Ohr für mich hatte.

Kurzzusammenfassung

Während immer mehr Ingenieure in den Ruhestand gehen, scheint es an nachrückenden Generationen zu fehlen, sodass ein hoher Mangel an Ingenieuren dieser Berufssparte vorliegt. Dies gibt den Anlass, Probleme zu Studienbeginn zu identifizieren, die für etwaige Studienabbrüche innerhalb der Ingenieurwissenschaften verantwortlich sind. Das Ziel dieser Studie ist es, die schulischen Eingangsparameter herauszustellen, die Einfluss auf die Mathematikkenntnisse nehmen, die für den Beginn des Ingenieurstudiums notwendig sind. Ferner besteht der Anlass darin, die Wichtigkeit des Mathematikstoffs aus der Sekundarstufe I unter Bezugnahme des Klausurerfolgs in der Höheren Mathematik I nach dem ersten Semester zu analysieren.

In dieser Studie werden die Studierenden gebeten, einen Fragebogen zu persönlichen und schulischen Angaben auszufüllen sowie eine Lernstandserhebung mit Aufgaben der Schulmathematik zu bearbeiten.

Die Ergebnisse der quantitativen Studie zeigen, dass Studierende große Probleme mit der Mathematik aus der Sekundarstufe I haben und im Speziellen grundlegende Rechenfertigkeiten nicht beherrschen, was sich deutlich auf die Klausurergebnisse am Ende des Semesters auswirkt.

Ein weiteres Resultat dieser Studie besteht darin, dass die zuvor abgefragten schulischen Parameter der Durchschnittsnote der Hochschulzugangsberechtigung sowie der Note im Fach Mathematik entscheidende Werte in Bezug zu den mathematischen Eingangskenntnissen darstellen.

Inhaltsverzeichnis

Abbildungsverzeichnis

Tabellenverzeichnis

Einleitung

1

„[...] viele Studierende scheitern aufgrund von fehlenden elementaren Mittelstufen-mathematikkenntnissen an den Klausuren. "

(Hoppe et al. 2014, S. 166)

Dieser Satz nimmt seit Jahren in unterschiedlichen Studiengängen der Ingenieurwissenschaften an Bedeutung zu. Bereits seit einigen Jahrzehnten finden an vielen deutschen Hochschulen Untersuchungen statt, die das eingangs dargestellte Zitat mit ihren Ergebnissen untermauern und kritisch auf die Entwicklung der mathematischen Kenntnisse von Studienanfängern*innen[1] blicken.

1.1 Darstellung des Themas

In dieser Arbeit wird die Mathematik in den Ingenieurwissenschaften zu Studienbeginn untersucht. Dazu werden einige Daten von den Studierenden eingeholt, die einerseits den persönlichen als auch andererseits den schulischen Werdegang betreffen. Die Thematik der Ingenieurmathematik und damit einhergehend auch die Frage, welche Kenntnisse von Studierenden zu Beginn des Studiums gefordert werden und welche automatisiert sein sollten, sind vielfach diskutiert und umstritten. In der einschlägigen Literatur gibt es dennoch stets eine Gemeinsamkeit: Die Hochschullehrer sind sich einig, dass die mathematischen Kenntnisse, welche die Studierenden aus der Schule mitbringen, nicht ausreichend sind (vgl. Schott 2012, S. 42). In den letzten Jahren stand dieses Thema verstärkt im Fokus, da

---

[1] Um die Lesbarkeit der vorliegenden Arbeit zu erleichtern, wird das generische Maskulinum verwendet. Weitere Geschlechteridentitäten sind ausdrücklich mitgemeint.

© Der/die Autor(en), exklusiv lizenziert an Springer Fachmedien Wiesbaden GmbH, ein Teil von Springer Nature 2022
J. Plack, *Herausforderung Mathematik im ersten Semester der Ingenieurwissenschaften*, BestMasters,
https://doi.org/10.1007/978-3-658-39551-3_1

von Wissenschaftlern der Rückgang mathematischer Kenntnisse und Fertigkeiten
beobachtet wurde.

1.2   Zielsetzung

Mittels dieser Arbeit sollen Zusammenhänge zwischen persönlichen und schulischen Faktoren und dem mathematischen Eingangswissen, welches die Studierenden zu Beginn des Studiums aufweisen, herausgestellt werden. Des Weiteren
werden die Studierenden über das gesamte Wintersemester 20/21 begleitet und
zusätzlich die genannten Parameter in Bezug zur Klausur und den über das
gesamte Semester stattfindenden Übungsblättern betrachtet. Diesbezüglich soll
herausgefunden werden, ob sich die Zusammenhänge zwischen den erhobenen
Eingangsparametern und der Lernstandserhebung zu Beginn des Studiums und
der Klausur am Ende des Semesters verstärken, sich neue ergeben oder gar diver-
gieren. Das Ziel besteht durch die Analyse diverser Größen darin, Gründe für
Erfolge aber auch für Misserfolge herauszustellen sowie Erkenntnisse darüber zu
gewinnen, welche Faktoren den Studienerfolg maßgeblich beeinflussen. Des Weiteren gibt es von vielen Hochschulen deutschlandweit genannte Untersuchungen
im Hinblick auf die Mathematikkenntnisse der Studierenden der Ingenieurwissenschaften. Diese Erkenntnisse werden unter Bezugnahme der Veranstaltung Höhere
Mathematik I im Wintersemester 20/21 an der Universität Siegen abgeglichen und
analysiert sowie damit zum Anlass dieser Arbeit.

1.3   Methodik

Um das oben genannte Ziel zu erreichen, werden einige Daten von den Studierenden eingeholt. Dazu wird ein Fragebogen erstellt, auf dem persönliche
sowie schulische Informationen abgefragt werden. Des Weiteren wird eine Lernstandserhebung mit ausschließlich offenen Fragen und einem entsprechenden
Lösungsbogen konzipiert, den die Studierenden in der ersten Vorlesungswoche
und den jeweils ersten Tutorien bearbeiten sollen. Beides wird mit einer Kennung versehen, um eine Zuordnung mit der am Ende des Semesters anstehenden
Klausur zu gewährleisten, die ebenfalls eine Eintragung für die Kennung enthält. Durch diese Zuordnung sollen Zusammenhänge zwischen persönlichen und
schulischen Daten der Studierenden in Bezug zum Eingangswissen und zum
Leistungsstand nach Abschluss des ersten Semesters herausgestellt werden. Des

Weiteren fließen auch die Übungsblätter mit in die Zuordnungen ein, um auch diese mit in etwaige Auswertungen einzubeziehen.

1.4 Motivation

Ab dem dritten Semester hielt der Autor vier Jahre Tutorien in der Höheren Mathematik I und II. Innerhalb der Tutorien lernte er eine große Anzahl an Studierenden, vor allem jedoch Erstsemesterstudierenden, kennen, die zuvor vielfältige Bildungsgänge besuchten und auch an der Universität in unterschiedlichen Studiengängen vertreten sind. Somit zeigen die Studierenden einen heterogenen mathematischen Kenntnisstand. Durch die Durchführung der Tutorien wurden die Studierenden über das gesamte Semester begleitet und Einblicke in ihre mathematischen Kompetenzen und mögliche Stolperstellen bei der Bearbeitung der Aufgabenstellungen erhalten. Die zu behandelnden Tutoriumsblätter wiesen in den meisten Fällen aus der Schule unbekannten Stoff auf. Dieser wurde innerhalb der Tutorien verständlich gemacht. Sehr häufig wurde während der Tutorien festgestellt, dass die Fragen der Studierenden weniger von inhaltlicher Natur des neuen Mathematikstoffs aus der Vorlesung waren, sondern vielmehr Fragen zu schulmathematischen Problemstellungen, vor allem zu Kenntnissen der Sekundarstufe I, gestellt wurden. Wenn diese nicht explizit ausgeführt, sondern als vorausgesetzt angenommen wurden zeigte sich, dass auch elementare Fertigkeiten wie die Bruchrechnung, die Potenzrechnung, vor allem das Kürzen von Potenzen, aber auch die Wurzelgesetze nicht nachvollzogen wurden. Sehr häufig war die Veranstaltung davon geprägt, dass insbesondere oben genannte Rechengesetze explizit und schrittweise dargestellt werden mussten. Diese Wahrnehmung gibt Anlass zu einer Analyse, ob sich der Sachverhalt auch in einer Großzahl an Studienanfängern der Ingenieurwissenschaften widerspiegelt. Daher soll untersucht werden, ob und wenn ja, welche Zusammenhänge sich ergeben.

1.5 Aufbau der Arbeit

Diese Arbeit besteht aus einem theoretischen und einem empirischen Teil, von denen im Folgenden die Inhalte aufgezeigt werden. Der Theorieteil beginnt mit der Herausstellung des aktuellen Forschungsstands. Es wird das Projekt COSH dargestellt, welches eine Kooperation zwischen den beiden Institutionen Schule

und Hochschule ist und aus dem ein Mindestanforderungskatalog hervorgeht,
über welche Kenntnisse künftige Studierende einer Hochschule verfügen sollten.
Im Anschluss werden die Stellen aufgezeigt, an denen Probleme beim Übergang
von der Schule zur Hochschule entstehen. Konkreter wird auf die heterogene
Klientel der Studienanfänger eingegangen. In diesem Zusammenhang wird die
von der Schule zur Hochschule entstehende Abstraktion geschildert und die
unterstützende Funktion von Vorkursen erläutert. Danach wird auf Methoden
und Modelle vorheriger Forschung eingegangen, bei der die Historie der ingenieurwissenschaftlichen Mathematik dargestellt und die aktuelle Ausgangslage
in Form von Abbruchquoten sowie mit dem Abstraktionsschock einhergehenden Zweifel am Erwerb der Hochschulzugangsberechtigung aufgezeigt werden.
Im Anschluss werden zusätzlich Ergebnisse einiger Studien herausgestellt, die
Zusammenhänge verschiedenster Parameter untersuchten, auf die im empirischen Teil dieser Arbeit ein Fokus liegt. Der letzte Abschnitt des Theorieteils
ist die Rolle der Tutoren in Vorkursen sowie in semesterbegleitenden Tutorien.
Anschließend folgt der empirische Teil, welcher sich aus den angewandten Mess-
instrumenten, der Datenerhebung und den Ergebnissen der Studie zusammensetzt.
Unter die Rubrik „Messinstrumente" fallen insbesondere verschiedene Methodenmöglichkeiten, die es im nächsten Schritt abzuwägen gilt. Hinsichtlich der
Methodenwahl und der folgenden Durchführung müssen Aspekte des Datenschutzes berücksichtigt werden, die im letzten Abschnitt über die Messinstrumente
aufgezeigt werden. Danach folgt das Kapitel der „Datenerhebung", welches mit
der Darstellung von persönlichen und schulischen Daten der Teilnehmer der
Studie beginnt. Danach werden einige Aspekte der quantitativen Untersuchung
aufgezeigt, worunter die Rahmenbedingungen für die Teilnehmer, das Begründen der Aufgaben und die Begründung des differenzierten Bewertungsrasters
fallen. Nach der Durchführung der Datenerhebung wird ein Zwischenfazit gezogen und einige Verbesserungen aufgezeigt, die bei einer erneuten Durchführung
umgesetzt würden. Auf die Durchführung folgt die Darstellung der „Ergebnisse". Zunächst wird sich dabei auf die Auswertung der hier durchgeführten
Leistungserhebung beschränkt. Einerseits werden die Gesamtergebnisse dargestellt und andererseits die Mittelwerte der jeweiligen Aufgaben aufgezeigt und
diese mit dem Mittelwert der gesamten Erhebung verglichen. Danach wird die
Betrachtung erweitert und der Fragebogen zu den persönlichen und schulischen
Angaben mit einbezogen, diesbezüglich einerseits Zusammenhänge in Bezug
zu der hier durchgeführten Lernstandserhebung und andererseits Vergleiche zu
vorher betrachteten Studien herausgestellt. Es folgt eine Erweiterung der Auswertung, indem zusätzlich die am Ende des Semesters geschriebene Klausur mit

einbezogen wird. Dazu werden zuerst die Ergebnisse aller Teilnehmer der Klausur dargestellt, bevor nur diejenigen Teilnehmer berücksichtigt werden, die sich eindeutig über die Kennung zuordnen lassen. Sobald dies erfolgt ist, werden auch hier wieder Zusammenhänge zwischen den persönlichen und schulischen Angaben herausgestellt. Abschließend werden Vergleiche zwischen den Klausurergebnissen und den betrachteten Studien angestellt, um Gemeinsamkeiten und Unterschiede festzustellen.

Darstellung der Forschungsfragen

2

In diesem Kapitel wird die konkrete Problemstellung aufgezeigt, die die gesamte Arbeit begleiten wird. Zunächst findet die Eingrenzung statt, bevor daraus zwei Fragestellungen entwickelt werden.

2.1 Problemdarstellung

Mathematische Sachverhalte sind in ingenieurwissenschaftlichen Studiengängen unentbehrlich. Doch gerade diese sollten aufgrund des beklagten Ingenieurmangels in ausreichendem Maße ausgeprägt sein, damit möglichst viele der Studienanfänger ein erfolgreiches Studium absolvieren. Der Ingenieurmangel hat zur Folge, dass Ingenieure nicht ersetzt werden können, sobald sie nach dem Dienst im Alter ausscheiden. Die hohen Abbruchzahlen in ingenieurwissenschaftlichen Studiengängen erfordern Gegenmaßnahmen (vgl. Kortemeyer 2019, S. 1). Bargel geht in diesem Zusammenhang einen Schritt weiter und spricht zunächst auch von einem Nachwuchsmangel in den MINT-Studiengängen. Er formuliert und kommentiert, dass dies der deutschen Wirtschaft schaden könnte (vgl. Bargel 2015, S. 5). Hinzu kommt, dass viele Studierende ihr Studium abbrechen oder in einen weniger mathematiklastigen Studiengang wechseln. Diese Problematik lässt sich unter anderem auf eine große Heterogenität der Studierendenschaft zurückführen (vgl. Kluge 2018, S. 999).

Ergänzende Information Die elektronische Version dieses Kapitels enthält Zusatzmaterial, auf das über folgenden Link zugegriffen werden kann https://doi.org/10.1007/978-3-658-39551-3_2.

2.2   Eingrenzung

Die oben genannten Probleme lassen sich häufig auf fehlende Kenntnisse und Rechenfertigkeiten des Mathematikstoffs aus der Sekundarstufe I zurückführen, die nicht nur in Deutschland, sondern europaweit zu beobachten sind (vgl. Heimann et al. 2016, S. 406). In diesem Zusammenhang spielt auch der zeitliche Aspekt zwischen Schulabschluss und Studium eine entscheidende Rolle. Diejenigen, die eine überdurchschnittlich lange Zeitspanne zwischen dem Besuch der beiden Bildungsinstitutionen Schule und Universität aufweisen, haben zumeist die größten Schwierigkeiten, da der letzte Mathematikunterricht bereits einige Zeit zurückliegt. Das Problem der mangelnden Kenntnisse wird sich dadurch voraussichtlich noch verstärken (vgl. Kluge 2018, S. 999). Hoppe et al. versuchen, das Vorhandensein der mangelnden Mathematikkenntnisse zu ergründen. Laut Einschätzungen von Lehrenden an Gymnasien und Berufskollegs sind die Stundenkontingente im Fach Mathematik zu gering. Gerade im Hinblick auf G8 wurde dies verschärft. Dadurch können zum Teil nicht alle Inhalte aufgegriffen werden, die für das Schuljahr angesetzt sind (vgl. Hoppe et al. 2014, S. 167). Büchter kommentiert, dass fachliche und inhaltliche Elemente in der Schule nur noch oberflächlich behandelt werden. Diesen Fakt begründet er so, dass vor ungefähr 25 Jahren 30 Schulhalbjahresstunden für das Fach Mathematik aufgewendet wurden, während der Wert heute bei 23,5 liegt. Des Weiteren greift er auf, dass Stochastik verbindlich neu in den Lehrplänen erschien. Dadurch kann für die Analysis, einem der wichtigsten Themenbereiche für ein Ingenieurstudium, nur noch die Hälfte an Unterrichtszeit aufgewendet werden (vgl. Büchter 2016, S. 203 f.). Der Themenbereich der Stochastik nimmt innerhalb der Höheren Mathematik gar keine Rolle ein: „Das Modul […] vermittelt die für ein Technikstudium erforderlichen mathematischen Kenntnisse zur linearen Algebra sowie zur Differential- und Integralrechnung […]" (Uni Siegen 2013, S. 4). In den letzten Jahren wurde festgestellt, dass Kenntnisse aus der Sekundarstufe I nicht mehr vertreten sind. Vor allem Bruchrechnung und generell die Aufgaben, die ohne Zuhilfenahme von Taschenrechnern gelöst werden sollen, bereiten den Studierenden große Probleme (vgl. Schoening/Wulfert 2014, S. 219).

2.3 Entwicklung der Fragestellungen

Eingangs wurde der Ingenieurmangel dargestellt, der einerseits mit der hohen Abbruchquote an Studierenden und andererseits mit der hohen Quote an Ruheständlern in dem Bereich einhergeht, weshalb viele Arbeitsstellen unbesetzt bleiben. Gerade dieser Aspekt ist aufgrund der im Folgenden betrachteten Literatur von großer Bedeutung. Einige Studienanfänger brechen ihr Ingenieurstudium ab oder wechseln in einen anderen Studiengang, der weniger mathematikbasierend ist. Durch den Abgang in andere Studiengänge gilt es, den fortschreitenden Ingenieurmangel zu unterbinden und Nachwuchs zu fördern. Für den erfolgreichen Einstieg ins Studium ist es deshalb elementar, mathematische Grundkenntnisse mitzubringen, damit der Einstieg in das Ingenieurstudium nicht unnötig erschwert wird. Aus diesem Grund spielen vor allem grundlegende mathematische Rechenfertigkeiten eine wichtige Rolle, die im Mathematikunterricht der Sekundarstufe I verortet sind.

2.4 Forschungsfragen

Die hier aufgezeigte Entwicklung und die Prognosen für zukünftige Ingenieurstellen geben den Anlass, Kenntnisse aus der Mathematik der Sekundarstufe I abzuprüfen und dadurch Erkenntnisse zu gewinnen, in welchem Maße sie Einfluss auf die am Ende des Semesters geschriebene Klausur einnehmen. Des Weiteren wird dieser Aspekt verallgemeinert, indem nicht nur die Mathematik der Sekundarstufe I, sondern die gesamte Schulmathematik berücksichtigt wird, um in diesem Zusammenhang mögliche Gründe für den Wechsel von Studiengängen oder den Abbruch des Studiums zu erfahren. In der sich daraus ergebenden ersten Forschungsfrage werden die Mathematikkenntnisse der Sekundarstufe I über die fünf Aufgaben 5, 6, 8, 9 und 10 der Lernstandserhebung definiert. Die zugehörigen Daten sind im Anhang (d) im elektronischen Zusatzmaterial einsehbar. Diese prüfen das Lösen Quadratischer Gleichungen unter Bezugnahme der p/q-Formel und der Quadratischen Ergänzung, die Bruchrechnung, die Prozent- und Winkelberechnung, die elementaren Kenntnisse der Geometrie unter Bezugnahme eines Dreiecks sowie die Linearen Funktionen in einem Anwendungskontext ab. Der in der Forschungsfrage erwähnte Klausurerfolg bezieht sich auf die Note der Klausur zur Höheren Mathematik I am Ende des Wintersemesters 20/21. Die konkrete Forschungsfrage lautet:

„Inwieweit wirken sich Mathematikkenntnisse der Sekundarstufe I auf den Klausurerfolg in HM I aus?"

Die zweite Forschungsfrage bezieht sich auf die schulische Vorbildung der Teilnehmer der Lehrveranstaltung sowie Mathematikkenntnisse, welche sich im Gegensatz zu der ersten Forschungsfrage auf die gesamte Lernstandserhebung zu Studienbeginn beziehen. Die schulische Vorbildung beinhaltet die sechs Fragen 5, 6, 7, 8, 9, 10 des Fragebogens (vgl. Anhang (c) im elektronischen Zusatzmaterial), die sich auf eine vor Beginn des Studiums absolvierte Berufsausbildung, die Schulform zur Qualifizierung zur Hochschule, die Art der Qualifikation, das Absolvieren eines Grund- bzw. Leistungskurses sowie die durchschnittliche Note und die Mathematiknote in der Hochschulzugangsberechtigung beziehen (vgl. Abschnitt 5.1.2). Die zweite Forschungsfrage lautet:

„Welche Zusammenhänge zeigen sich zwischen der schulischen Vorbildung und den Mathematikkenntnissen zu Studienbeginn?"

Teil I
Theoretischer Teil

In diesem Kapitel wird der aktuelle Stand der Forschung dargestellt. Begonnen wird mit dem Projekt COSH, da es auch im empirischen Teil dieser Arbeit eine große Rolle einnehmen wird. Anschließend wird die Übergangsproblematik zwischen der Schulmathematik und der an der Hochschule unter Bezugnahme verschiedener Perspektiven herausgestellt. Im weiteren Verlauf werden Methoden und Modelle der bisherigen Forschung aufgezeigt, wobei ein Schwerpunkt auf vergleichbaren Studien mit dem empirischen Teil dieser Arbeit liegt. Ein weiterer Schwerpunkt des Kapitels spielt die Rolle der Tutoren, die einen Einfluss auf das Studium und somit auch auf den Studienerfolg nehmen können.

3.1 Das Projekt COSH

Das aus Baden-Württemberg stammende Projekt COSH beschäftigt sich mit den Übergangsschwierigkeiten zwischen Schule und Hochschule (vgl. Grunert et al. 2014, S. 1). Fast zwei Drittel der Studienanfänger beginnen dort ihr Studium mit einer Hochschulzugangsberechtigung aus dem Sektor der beruflichen Schulen, wodurch sie eine entscheidende Rolle einnehmen. Aus diesem Grund bietet sich eine Kooperation zwischen den Schulen und den Hochschulen in besonderem Maße an. Einen wichtigen Aspekt stellt in dem Zusammenhang der Austausch zwischen Lehrenden der beruflichen Schulen und der Hochschulen dar, weshalb zwischen Mitarbeitern dieser Institutionen ein gemeinsames Arbeiten entstand. Gemeinsame Überlegungen beider Parteien führten zu einem Mindestanforderungskatalog an Kenntnissen hinsichtlich des Übergangs zur Hochschule (vgl. Abel/Weber 2014, S. 16 f.). Studienanfänger haben zumeist Probleme in Mathematik. Empirische Analysen belegen, dass diese Schwierigkeit zunehmen wird.

© Der/die Autor(en), exklusiv lizenziert an Springer Fachmedien Wiesbaden GmbH, ein Teil von Springer Nature 2022
J. Plack, *Herausforderung Mathematik im ersten Semester der Ingenieurwissenschaften*, BestMasters,
https://doi.org/10.1007/978-3-658-39551-3_3

Durch den Erhalt der Hochschulreife haben die Schüler formal die Möglichkeit, jeden Studiengang an Hochschulen zu belegen. Mathematische Inhalte und
Kompetenzen, die für ein mathematikbasierendes Studium entscheidend sind,
werden von vielen Schülern nicht in ausreichendem Maße beherrscht. In dem
oben erwähnten Mindestanforderungskatalog werden die von den Studierenden
zu beherrschenden Kenntnisse, Fähigkeiten sowie Kompetenzen festgesetzt. Auf-
gabenbeispiele, auf die im empirischen Teil dieser Arbeit noch eingegangen
wird, konkretisieren den Katalog, welchem in mehrerlei Hinsicht eine große
Bedeutung sowie den Verantwortlichen eine große Position zukommt. Diese lassen sich in vier Bereiche gliedern: Die Schule hat die Aufgabe, den Schülern
bestehende und zu erwartende Probleme für ein MINT-Studium aufzuzeigen,
sodass sie die dafür notwendigen Fertigkeiten erwerben können. Die Hochschule
versteht den Anforderungskatalog als Basis, was die künftigen Studierenden
können sollen und unterstützt sie dabei in Form von Vor- und Brückenkursen
(vgl. Abschnitt 3.2.3). Allerdings haben auch die Studienanfänger die Aufgabe,
den Anforderungen für den aufgezeigten Katalog gerecht zu werden. Nicht
zuletzt sollte die Politik Maßnahmen ergreifen, um die Problematik des Schul-
und Hochschulübergangs so gering wie möglich zu halten. Deshalb bedarf es
Rahmenbedingungen dieser vier beschriebenen Instanzen, um den jeweiligen Ver-
antwortungen gerecht zu werden (vgl. Grunert et al. 2014, S. 1 f.). Nicht alle
der im Folgenden benannten Kenntnisse, die in Anlehnung an den Anforderungskatalog eine große Rolle spielen, werden an dieser Stelle explizit erläutert.
Vielmehr werden die Aspekte aufgegriffen, die im noch folgenden empirischen
Teil von Bedeutung und somit auch für diese Studie relevant sind. Studienanfänger sollen über unterschiedliche Zahlenbereiche verfügen, Terme zielgerichtet
umformen, Binomische Formeln beherrschen sowie Bruchrechnung zielgerichtet,
vor allem ohne Benutzung eines Taschenrechners, anwenden. Des Weiteren sollen
sie mit Prozentangaben und Ungleichungen bei Brüchen umgehen und Quadratische Gleichungen lösen können. Zu guter Letzt sind wichtige Eigenschaften der
Analysis und das Beherrschen von Grundlagen der Vektorrechnung von Bedeutung. Vorkenntnisse aus der Stochastik werden von den Hochschulen begrüßt,
jedoch nicht vorausgesetzt (vgl. Abschnitt 2.2) (vgl. ebd., S. 4–8).

3.2   Übergangsproblematik Schule – Hochschule

Im vorherigen Abschnitt wurden Grundlagen aus dem Mindestanforderungskatalog aufgezeigt, welche die Studienanfänger zu Beginn eines Studiums im
MINT-Bereich beherrschen sollten. Im Folgenden wird die unter anderem durch

verschiedene Hochschulzugangsberechtigungen entstehende Heterogenität der Studienanfänger skizziert. Aufbauend auf den sich ergebenden Schwierigkeiten beim Übergang von der Schule zur Hochschule wird herausgestellt, wie durch Vor- und Brückenkurse dieser Übergang erleichtert werden kann.

3.2.1 Heterogenitätsproblematik von Studierenden

Ein MINT-Studium basiert auf den curricularen Anforderungen eines dreijährigen Leistungskurses. Der nach diesen drei Jahren eigentlich erworbene Kenntnisstand der Erstsemesterstudierenden ist einerseits aufgrund der Verkürzung der Schulzeit und andererseits durch die in Schulen vollzogene Verlagerung curricularer Schwerpunkte nicht mehr gegeben (vgl. Breitschuh et al. 2017, S. 101). Ergänzend dazu ist der Übergang von der Schule zur Hochschule für die Studierenden von einer großen Heterogenität geprägt (vgl. Lindmeier et al. 2014, S. 42). Diese besteht einerseits in den unterschiedlichen Bildungsgängen zum Erwerb der Hochschulzugangsberechtigung sowie andererseits in den damit einhergehenden Unterschieden mathematischer Grundlagen vor Beginn des Studiums. Durch die unterschiedliche Vorbildung ergeben sich Übergangsschwierigkeiten, die an der Hochschule eine zentrale Rolle einnehmen (vgl. ebd., S. 48). Aufgrund der Tatsache, dass Schüler ohne Abitur studieren oder ein berufsbegleitendes Studium anstreben können, ist die Diskrepanz zwischen den Studienanfängern bezüglich ihrer Kenntnisse und Fertigkeiten erheblich. Einige studieren zeitnah nach der Schulzeit, einige arbeiten zunächst in ihrem Beruf, bevor sie ein Studium antreten. Weiterhin wird die Studierendenschaft durch den Zugang zu den Hochschulen aus verschiedenen Bundesländern oder aus dem Ausland zunehmend heterogener. Bereits zuvor führte die Umstellung von Diplom- auf Bachelor-/Masterstudiengänge zu einer Stofffülle, wodurch auf die bestehenden Defizite kaum eingegangen werden konnte und diese sich demnach verstärkten (vgl. Schoening/Wulfert 2014, S. 214). Die fehlenden mathematischen Grundkenntnisse stellen ebenso Probleme zu Beginn eines Ingenieurstudiums dar (vgl. Abel/Weber 2014, S. 11). In der Schule stehen zumeist Übungs- und Rechenaufgaben im Vordergrund, wohingegen an der Hochschule nach dem Schema Definition-Satz-Beweis gehandelt wird, was nahezu allen Studierenden fremd ist (vgl. Lindmeier et al. 2014, S. 41). Weiterhin haben sie zumeist Schwierigkeiten bei der Unterscheidung von Äquivalenzen und Implikationen (vgl. Abschnitt 6.1.2). Hinzu kommt auch die Art und Weise des Sprachgebrauchs des logischen „und" und „oder" (vgl. ebd., S. 48). Die Entwicklung dieser mathematischen Theorien wird häufig nicht erörtert, sondern muss im Selbst-studium aufgearbeitet werden. Dieser Prozess ist eingangs des Studiums durch hohe Anforderungen geprägt. Je schneller die Anpassung seitens der Studierenden überwunden ist, desto größer ist die Reduktion der Übergangsschwierigkei-ten (vgl. ebd., S. 41 f.). Auf weitere Unterschiede wird in Abschnitt 3.2.2 expliziter eingegangen. Eine Studie über den Zusammenhang zwischen der all-gemeinen Hochschulreife und des Studienbeginns zeigt, dass Studierende, die eine allgemeine Hochschulreife besitzen, im Vortest im Mittel signifikant bes-ser abschneiden, als diejenigen, die keine allgemeine Hochschulreife aufweisen (vgl. Greefrath/Hoever 2016, S. 522). Eine weitere Studie knüpft an diese an, indem sie nachweist, dass das Eingangswissen von Studienanfängern eine sehr hohe Spannweite aufweist, die ein großes Problem in der Studieneingangsphase darstellt. Zusätzlich ist ein Resultat der Studie, dass Studienanfänger, die sich über das Berufskolleg für die Hochschule qualifizieren, sehr schwach abschnei-den. Durch die Einführung von grafikfähigen Taschenrechnern an Schulen wird vermutet, dass die elementaren Rechenfertigkeiten, die großen Einfluss auf die ersten Mathematikklausuren nehmen, in den kommenden Jahren weiter abnehmen werden (vgl. Abel/Weber 2014, S. 11).

3.2.2 Abstraktionsschock: Mathematik in Schule und Hochschule

Der Abstraktionsschock beim Übergang von der Schule zur Hochschule zeich-net sich durch mehrere Aspekte aus, die sich grundsätzlich in drei Problemfelder einordnen lassen. Vielen Studienanfängern fällt die Eingliederung in das System Universität schwer (vgl. Clark/Witzke 2016, S. 1073). Beginnend mit Verände-rungen im Tagesablauf treten zunehmend Veränderungen auf. In der Schule gibt es eine klare Struktur der Unterrichtsstunden, in denen zunächst Themen erlernt werden, bevor sie anschließend geübt und gefestigt werden. Im Vergleich dazu wird an der Hochschule ein hohes Maß an Selbstständigkeit gefordert, indem Stundenpläne eigenständig geplant und strukturiert, Inhalte aus der Vorlesung eigenständig nachgearbeitet, verstanden und geübt werden und zusätzlich in den meisten Fällen eine Mindestpunktzahl in Übungsaufgaben erreicht werden muss, um an den Klausuren teilnehmen zu dürfen (vgl. Biehler et al. 2014, S. 1). Der zweite Aspekt beläuft sich im Auffassungswechsel vom Schüler zum Stu-dierenden bzw. von Schule zur Hochschule (vgl. Clark/Witzke 2016, S. 1073). In diesem Zusammenhang spielen die verschiedenen Unterrichts- bzw. Vorle-sungskonzepte eine wesentliche Rolle (vgl. Abel/Weber 2014, S. 16). An der

Hochschule verändert sich die bis dato bekannte Lehre der Mathematik an Schulen (vgl. Lindmeier et al. 2014, S. 39). Wohingegen der Lernprozess an Schulen in Form von Begründen oder Kommunizieren statt der Vermittlung von Faktenwissen im Vordergrund steht, finden Vorlesungen an Hochschulen als Äquivalent zu Unterrichtsstunden an Schulen immer noch traditionell statt, die sich durch dozentenorientierte Wissensvermittlung kennzeichnen (vgl. Abel/Weber 2014, S. 16). An der Schule wird meist mit anschauungsgebundenen, aus der Erfahrungen stammenden Objekten gearbeitet, an der Hochschule charakterisiert sich die Mathematik durch eine axiomatisch und formale deduktive Darstellungsweise, wodurch sich die Abstraktion der Inhalte ergibt, die es für die Lernenden zu bewerkstelligen gilt (vgl. Lindmeier et al. 2014, S. 39). Beweisschemata, die an Hochschulen in Mathematikvorlesungen eine entscheidende Rolle spielen, gelten ausschließlich im analytischen Stil als geltend, wohingegen sich Beweise in der Schule, sofern sie vorkommen, auf anschauungsbasierter Ebene befinden und sich häufig mittels Grafiken als akzeptabel erweisen (vgl. ebd., S. 41). Mathematische Fragestellungen aus den universitären Übungen sind in den meisten Fällen erst durch vorherige Informationsbeschaffung abzuleiten, bevor eine konkrete Lösung entwickelt werden kann, was sich klar von den klassischen Aufgaben aus dem Schulbuch abgrenzt, die häufig durch die Abarbeitung eines Schemas zu lösen sind (vgl. Schoening/Wulfert 2014, S. 218). Für die Ingenieurstudierenden bedeutet dies zusätzlich die Verzahnung von der reinen Mathematik, die in der Höheren Mathematik eine Rolle spielt und der anwendungsorientierten Mathematik, die für die Ingenieure einen deutlich größeren Stellenwert in Fachveranstaltungen einnimmt (vgl. Wälder/Wälder 2013, S. 161). Hinzu kommt, dass die Mathematik an Hochschulen fast ausschließlich von Mathematikern gehalten wird, wodurch diese vergleichsweise zur Mathematik, die in ingenieurwissenschaftlichen Fachveranstaltungen häufig nur Mittel zum Zweck ist, keinen direkten Bezug zu deren Praxis herstellt (vgl. Cramer et al. 2015, S. 62). Die nunmehr dritte Schwierigkeit im Übergang zur Hochschule stellt das Fehlen von Fachwissen dar (vgl. Clark/Witzke 2016, S. 1073). Erstsemesterstudierende befinden sich auf einem durchschnittlichen mathematischen Niveau eines Grundkurses. Fehlende Kenntnisse und unzureichende Übung sind keine Seltenheit und lösen bei ihnen eine hohe Frustration aus, mit der sie sich gerade zu Beginn aber auch im weiteren Verlauf des Studiums konfrontiert sehen (vgl. Cramer et al. 2015, S. 61). Diese Defizite sind an Hochschulen auch in Form von Vor- oder Brückenkursen häufig nicht mehr aufholbar (vgl. DMV 2017, S. 1). Studienanfänger sind vielfach nicht in der Lage, die bereits bekannte Schulmathematik auf die der Hochschule zu übertragen und in diesem Kontext anzuwenden (vgl. Ableitinger/Herrmann 2014, S. 331). Vielmals wird das Nichtvorhandensein des

Mathematikstoffs aus der Sekundarstufe I genannt. Elementare mathematische Rechenoperationen werden nicht mehr beherrscht. Dazu zählen bereits Bruchrechnung, Binomische Formeln oder auch Termumformungen (vgl. DMV 2017, S. 1). Hinsichtlich der Anwendung dieser genannten mathematischen Inhalte bedarf es Verfahren, die größtenteils aus der Schule bekannt sind und nützliche Mittel darstellen, welche die Studierenden jedoch nicht nur kennen, sondern auch anwenden können sollten. Die Zusammenhänge und die Frage nach dem Warum werden erst begriffen, wenn sie sich eigenständig mit Aufgaben und Beispielen befassen. Die Abarbeitung eines Schemas stellt kein hinreichendes Vorgehen dar. Sollte in Klausuren eine kleine Änderung oder eine andere Formulierung der Aufgabenstellung auftreten, wird die schemenhaft angewendete Lösungsstrategie scheitern (vgl. Arens et al. 2018, S. 8). Diese fehlenden Grundkenntnisse sowie mangelnde mathematische Fähigkeiten der Studienanfänger und nicht zuletzt die frühe Einführung des grafikfähigen Taschenrechners werden oft von Professoren beklagt (vgl. Weinhold 2014, S. 247 f.). Der unter Abschnitt 3.1 erwähnte COSH-Mindestanforderungskatalog wird damit deutlich unterschritten. Statistische Erhebungen von einem Zeitraum von über zehn Jahren zeigen, dass bei Studienanfängern ein sinkendes Mathematikniveau vorliegt und dass genau die Beherrschung des Mittelstufenstoffs über den Erfolg in den Ingenieurwissenschaften entscheidet (vgl. DMV 2017, S. 2). Auf diese entscheidenden Aspekte wird im zweiten Teil der Arbeit eingegangen. Das Ziel für die mathematische Ingenieurausbildung muss es sein, das Verständnis für die Inhalte aufzubauen und dieses kreativ unter Entwicklung verschiedener Lösungswege anzuwenden (vgl. Arens et al. 2018, S. 8). Durch die aufgezeigten Probleme beim Übergang von der Schule zur Hochschule besteht Handlungsbedarf. Der Formalisierungsgrad und der axiomatische Aufbau spielen dabei eine wesentliche Rolle. Unterdessen verändert sich die Gesamtheit der Lernkultur, da Elemente der Mathematik bereits als fertiges Produkt präsentiert werden und von den Studierenden erkannt und ergänzt werden müssen (vgl. Lindmeier et al. 2014, S. 37). Der Grad der Abstraktion steigt sprunghaft an, teilweise ist von einem förmlichen Abstraktionsschock die Rede, da für viele Studierende unter anderem die Tätigkeit des Beweisens eine große Herausforderung darstellt (vgl. Ableitinger/Herrmann 2014, S. 328). Um in einen weiteren Sektor überzugehen, stellen nicht nur die klassischen Mathematikveranstaltungen eine Hürde zu Beginn des Studiums dar, sondern auch die Fachveranstaltungen des entsprechenden Studiengangs. In diesen werden zumeist mathematische Grundzüge aus der universitären Mathematik benötigt, die jedoch erst im späteren Verlauf der ersten Mathematikveranstaltung behandelt werden (vgl. Kortemeyer 2016, S. 557).

3.2.3 Vor- und Brückenkurse

Um den oben genannten Aspekten entgegenzuwirken, bedarf es Unterstützungsmaßnahmen. Viele Hochschulen bieten zu Beginn eines Studiums im
MINT-Bereich Vor- und Brückenkurse[1] an, wobei sich zunehmend auf die Vorkurse bezogen wird. Welche Maßnahmen ergriffen werden und wie sich dadurch
der Einstieg von Erstsemesterstudierenden verbessern soll, ist Thema dieses
Abschnitts.

3.2.3.1 Zweck eines Vorkurses

Vorkurse haben die Aufgabe, den Übergang für die Erstsemesterstudierenden
zu erleichtern. Dieser Übergang wird in zwei Perspektiven unterteilt. Einerseits
steht das mathematische Grundwissen im Vordergrund. Eine weitere Rolle nimmt
aber auch der soziale Aspekt in Anspruch. Begonnen wird mit der Auffrischung
des mathematischen Grundwissens. Im Wesentlichen bedeutet dies, dass Mathematikstoff aus der Schule wiederholt und auch unter Bezugnahme der ersten
Veranstaltungen ergänzt wird (vgl. Biehler et al. 2014, S. 1). Dazu müssen
Themenschwerpunkte, die zum Großteil Stoff der Sekundarstufe I darstellen,
festgelegt werden. Eine Auswahl mehrerer Hochschulen wird hier vorgestellt.
Die Themen umfassen unter anderem Grundbegriffe der Mengenlehre, Termumformungen, Binomische Formeln, Bruchrechnen, Quadratische Gleichungen,
Winkel, Trigonometrie sowie Grundlagen der Differenzialrechnung (vgl. Hoppe
et al. 2014, S. 171). Den hier zuletzt genannten Aspekt zur Differenzialrech-
nung (hier: Ableitung) greifen auch Schoening und Wulfert auf. Bereits der
Vorkurs sollte eine Antwort darauf liefern, an welchen Stellen wiederkehrende
Ableitungen Verwendung finden und diese möglichst von den Studierenden
auch verstanden werden. Einfaches Kennen oder Berechnen von Standarda-
bleitungen genügt nicht, um in Folgeveranstaltungen erfolgreich zu sein. Das
Verständnis hingegen bleibt oft aus und der inhaltliche Nutzen bleibt offen.
In Schulen wird die Technik zwar geübt, die Interpretation wiederum fehlt
(vgl. Schoening/Wulfert 2014, S. 221). Ferner gilt, dass die Erstsemesterstudierenden zunächst darauf vorbereitet werden, dass eine der großen Aufgaben
der Erwerb von Lernstrategien ist. Die bereits erwähnten formalen Definitio-
nen sollen mit Begriffsvorstellungen aus der Schulmathematik in Verbindung
gebracht werden. Des Weiteren betrifft es den Ausbau neuer Fertigkeiten, die
sich darin belaufen, die universitäre Sprache der Mathematik zu verstehen und
passend zu benutzen. Dadurch sollen die Studierenden möglichst frühzeitig die

---

[1] Im Folgenden wird für den Begriff Vor- und Brückenkurs der Begriff Vorkurs verwendet.

Abstraktion mathematischer Inhalte kennenlernen, damit sie Vorlesungsinhalte und Übungen nicht oberflächlich behandeln. Ein letzter Schwerpunkt beläuft sich im Bewusstwerden von Arbeitsweisen der Mathematik. Insbesondere meint dies die Zusammensetzung von Theoriebausteinen, um dadurch Strategien für das Beweisen kennenzulernen (vgl. Lindmeier et al. 2014, S. 47 f.). Der Vorkurs als Unterstützungsmaßnahme verfolgt nicht nur mathematische Zwecke, der stoffliche Lücken schließen soll. Zudem ist es entscheidend, dass dieser auch motivationale Aspekte berücksichtigt und die Selbstregulation entfacht, da sie für den weiteren Studienverlauf und den einhergehenden Erfolg, das heißt durch das Bestehen der Klausuren, zentral sind (vgl. Büchter 2016, S. 204). Soziale Aspekte spielen auch eine wichtige Rolle, denn durch das Kennenlernen zukünftiger Kommilitonen aber auch der Tutoren im Vorkurs gibt es die Gelegenheit, Einblicke in die Studienorganisation zu erhalten sowie organisatorische Fragen zu klären (vgl. Lindmeier et al. 2014, S. 45). In Anlehnung an die unter Abschnitt 3.2.1 erläuterten Gesichtspunkte stellt es eine Wichtigkeit dar, Vorkurse in Präsenz durchzuführen. Die bei den meisten Studienanfängern anfänglich vorhandenen Hemmungen können so abgebaut werden und durch eine aktive Kommunikation mit potenziellen Kommilitonen, Tutoren oder Dozenten in das System Universität integriert werden (vgl. Schoening/Wulfert 2014, S. 227).

3.2.3.2 Charakteristika von Vorkursen

In Abschnitt 3.2.3.1 wurde der Nutzen von Vorkursen in mehrerlei Hinsicht aufgezeigt. In diesem Absatz werden weitere Eigenschaften und Anmerkungen zu Vorkursen thematisiert. Bargel bezieht sich in einer Studie, an der 647 Hochschulen teilnahmen, auf die Nutzungsquote von Ingenieurstudierenden an Vorkursen und verzeichnet, dass im Wintersemester 12/13 nur die Hälfte der Studienanfänger teilnahmen (vgl. Abschnitt 5.1.1) (vgl. Bargel 2015, S. I, VII). Die Teilnehmer der Vorkurse schätzten deren Nützlichkeit wiederum zu 85 % als hoch ein (vgl. ebd., S. 47). Zusammenhänge zwischen dem Leistungsvermögen in Form der schulischen Note und dem Besuch von Vorkursen verzeichnet er nicht, wohingegen der Vergleich zwischen dem Alter der Studienanfänger und dem Besuch von Vorkursen einen Zusammenhang aufzeigt (vgl. ebd., S. 54). Greefrath und Hoever dokumentieren bezüglich der Teilnahme am Vorkurs an der Fachhochschule Aachen im Jahr 2009 noch eine Nutzungsquote von ca. zwei Drittel (vgl. Greefrath/Hoever 2016, S. 518 f.). Teils gibt es eine Quote von ca. 30 %, die den Vorkurs in Mathematik nicht bis zum Ende besuchen. Dies lässt sich unter anderem auf die zu großen Lerngruppen zurückführen (vgl. Haase 2014, S. 133 f.). Finden die Tutorien innerhalb der Vorkurse in Kleingruppen statt, wirkt sich dies

positiv auf die Studienvorbereitung der Studienanfänger aus, da Tutoren individuell und zielgerecht auf die Bedürfnisse der Teilnehmer eingehen können (vgl.
Roegner et al. 2014, S. 184). Der Rückblick auf die oben genannten Daten lässt
vermuten, dass die Nutzungsquote von Vorkursen abnimmt, wobei sich die Daten
einer Hochschule mit dem bundesweiten Schnitt nur schwierig vergleichen lassen
(vgl. Abschnitt 5.1.1). Auch in Bezug zur abschließenden Klausur spielen Vorkurse eine Rolle. Studienanfänger, die den Vorkurs besuchten, schnitten deutlich
besser ab als diejenigen, die den Vorkurs nicht besuchten (vgl. Abschnitt 6.2.2.1)
(vgl. Greefrath/Hoever 2016, S. 527). Zudem weisen die Evaluationen auf kritische Haltungen zu den Vorkursen hin, indem Teilnehmer bemängeln, dass es
überflüssig sei, in einem Mathematikvorkurs Termumformungen zu behandeln,
wobei gerade dort eine sehr hohe Fehlerquote auftritt (vgl. Abschnitt 6.1.2)
(vgl. Haase 2014, S. 133). Da die Thematik in dieser Untersuchung aufgegriffen wird, wird auch die erläuterte Untersuchung einen großen Stellenwert in der
Auswertung in Form von Vergleichen einnehmen.

3.3 Methoden und Modelle vorheriger Forschung

In diesem Abschnitt wird zu Beginn mit der historischen Entwicklung hinsichtlich
der Mathematiklehre des Ingenieurstudiums sowie die Ausgangslage im Hinblick
auf die Mathematikkenntnisse thematisiert. Danach werden Studien zur Ingenieurmathematik aufgezeigt, die als Vergleich in Bezug zum empirischen Teil
dieser Arbeit herangezogen werden.

3.3.1 Historische Entwicklung der Mathematiklehre des Ingenieurstudiums

Die historische Entwicklung wird beginnend mit den 1980er Jahren vorgestellt.
Damals traten bestimmte Probleme in mathematikbasierenden Studiengängen auf,
von denen sich manche gelöst und andere verändert haben und wiederum Neue
hinzugekommen sind. Bis heute lassen sich Verständnisprobleme in Form der
universitären Abstraktheit und deren Umgang nennen (vgl. Hilgert 2016, S. 696).
Das Problem dieser abstrakten Konzepte und zusätzlich die fehlende Sicht auf
die Notwendigkeit von Beweisen bestehen bei Ingenieurstudierenden bereits seit
den 1980er Jahren (vgl. Hilgert 2013, S. 87). Um 1990 wurde großer Wert auf
die Mathematik und die Technik gelegt. Besonders Begabte besuchten Spezi-
alschulen und -klassen, was eine Grundlage für ein erfolgreiches Studium im

MINT-Bereich darstellte. Matheolympiaden fanden an Schulen statt, um Begabte frühzeitig zu erkennen und zu fördern (vgl. Schott 2020, S. 7). Trotzdem besaßen bereits im Jahre 1994 die Studienanfänger laut Angaben von Professoren ein geringes mathematisches Niveau. Studieneinsteigern wurde fehlender Wille für die Auseinandersetzung mit der Mathematik unterstellt. Zusätzlich wurde die Wichtigkeit der Mathematik innerhalb der Berufspraxis der Studierenden nicht erkannt (vgl. Schott 2012, S. 42). Bis zum Jahr 2000 gab es basierend auf den Grundlagen mathematischer Theorien weitreichende Fortschritte in der Technik, was zu einem internationalen Jahr der Mathematik im Jahr 2000 und einer Auszeichnung für Deutschland im Jahr 2008 führte. Die Mathematik als wissenschaftliche Disziplin nahm hinsichtlich der Zukunft deutlich an Bedeutung zu, wobei praktische Anwendungen und Anwendungsbeispiele eine Erhöhung der Motivation, des Interesses und der Anreize an der Mathematik schaffen sollten, da die Studierenden den Mathematikstoff immer mehr hinterfragten (vgl. Schott 2020, S. 9, 14). Heutzutage stellt die Akzeptanz dafür, dass die Inhalte im weiteren Verlauf des Studiums von Bedeutung sind, für die Studierenden keine befriedigende Aussage mehr dar. Diese wird deutlich häufiger hinterfragt, als es noch in den 80er Jahren der Fall war, da das Rechnen nach einem vorgegebenem Muster für die Studierenden zunehmend attraktiver geworden ist (vgl. Hilgert 2016, S. 698). Der multimediale Einsatz hat Einzug in die Mathematik genommen. Einerseits entstehen damit Vorteile, die sich dadurch kennzeichnen, dass sich anspruchsvolle und praxisrelevante Aufgaben mittels Computersoftware und Taschenrechner deutlich einfacher lösen lassen. Nicht zuletzt stellt die grafische Darstellung von Ergebnissen neue Möglichkeiten dar. Die Nachteile sollen aber nicht unberücksichtigt bleiben. Die Benutzung multimedialer Endgeräte bringt eine Verschiebung des Leistungsvermögens mit sich. Schwerpunktthemen müssen aufgrund des Zeitmangels auf Kosten der Mathematiklehre zurückgestellt werden. Bestimmte Fertigkeiten, wie beispielsweise das schriftliche Rechnen, werden nicht mehr in einem ausreichenden Maße ausgeprägt, da die Ergebnisse durch den Einsatz der oben genannten Endgeräte nicht mehr auf Stichhaltigkeit geprüft werden (vgl. Schott 2020, S. 16). Abschließend lässt sich über die Generationen seit den 1980er Jahren bis zum heutigen Zeitpunkt festhalten, dass sie trotz der Verlagerung an Schwerpunkten oder entstandenen und gelösten Problemen stets Kritik an der jeweils nachfolgenden Generation ausübt (vgl. Büchter 2016, S. 201). Im Laufe der Zeit verstärkten sich die Probleme, was sich daran festmachen lässt, dass die oben genannte Notwendigkeit von Beweisen, die allerdings im ingenieurwissenschaftlichen Bereich nicht im Übermaße vorkommen, von den Studierenden nicht mehr hingenommen wird (vgl. Hilgert 2016, S. 696). Dies zeigt sich daran, dass die Frage danach, warum eine

Aussage richtig ist, immer weniger gestellt wird und die Studierenden sich mit unbewiesenen Aussagen schneller zufriedengeben (vgl. ebd., S. 698). Die neu hinzugekommenen Schwierigkeiten gehören zumeist zu der Kategorie der Logik sowie des sinnentnehmenden Lesens von Aufgabenstellungen. Die Motivation und die Konzentration haben ebenso über die Jahre nachgelassen, sodass diese bereits über eine Vorlesungslänge nicht mehr gegeben ist (vgl. ebd., S. 696).

3.3.2 Ausgangslage

Als Ausgangslage ist ein Rückgang der Mathematikkenntnisse von Ingenieurstudierenden zu beklagen, die sich innerhalb der letzten 30 Jahren entwickelt haben. Nahezu alle aus der Mathematik stammenden Experten halten die Kenntnisse im MINT-Bereich für unzureichend (vgl. Schott 2020, S. 4 f.). Diesbezüglich steht im Fokus, diesen Sachverhalt zu analysieren, um daraus resultierend effektive Maßnahmen zu schaffen, die den fehlenden Mathematikkenntnissen entgegenwirken und Unterstützungsmaßnahmen für die Studierenden darstellen. Dabei stehen die Kooperation mit Schulen sowie mit Hochschulen und der Ausbau von Fördermaßnahmen im Vordergrund. Auch die Mathematikdidaktik sucht bereits für den Mathematikunterricht an Schulen Gestaltungsmöglichkeiten, um den Stoff für die Schüler verständlich zu machen (vgl. Schott 2020, S. 10 f.). Die Diskussion über den Leistungsabfall bei Ingenieurstudierenden ist von einem langjährigen Kompetenzstreit geprägt. Fachmathematiker sind der Ansicht, Inhalte zu vermitteln, wohingegen laut Fachdidaktikern erst Kompetenzen definiert werden müssen, bevor Inhalte danach ausgerichtet werden können. Daraus entwickelt sich ein Diskurs, der einerseits darin besteht, dass der Kompetenzerwerb nicht ausschließlich für Erfolg sorgt, andererseits das Aneinanderreihen von Inhalten ebenso wenig erfolgsversprechend ist. Eine Mischung dieser beiden didaktischen Konzepte könnte die Lösung sein (vgl. ebd., S. 15). Ein zweiter Diskurs entsteht innerhalb der Dozenten. Während die einen hohe fachliche Ansprüche haben, die bei Nichterfüllung zu einer Exmatrikulation führen sollten, halten andere Dozenten dagegen und versuchen, eine Exmatrikulation der Studierenden abzuwenden. Ein abfallendes mathematischen Niveau akzeptiert diese Gruppe und hat die Tendenz, Mitgefühl und Empathie in den Fokus zu stellen (vgl. ebd., S. 18 f.). Dies bedarf weiterer Untersuchungen, die den Umfang dieser Arbeit übersteigen.

3.3.2.1 Abbruchquoten
In mathematiklastigen Studiengängen, wie den MINT-Studiengängen, werden seit längerem hohe Studienabbruchquoten registriert (vgl. Heinze et al. 2016,

S. 1501). Eine deutschlandweite Erhebung hat 2010 für die Ingenieurwissenschaften eine Abbruchquote von 30 % verzeichnet (vgl. Breitschuh et al. 2017,
S. 100). Eine Ursache, die häufig von Studierenden geäußert wird, sind Leis-
tungsprobleme (vgl. Heinze et al. 2016, S. 1501). Durch Vorkurse sollen diese
behoben werden (vgl. Abschnitt 3.2.3). Ein weiterer Grund, weshalb viele Studierende ihr Ingenieurstudium abbrechen beläuft sich unter anderem darauf, dass in
den mathematik-anwendenden Fachveranstaltungen Inhalte aus der Mathematik-
vorlesung noch nicht behandelt wurden, da diese, wie in Abschnitt 3.2.2 erwähnt,
erst später Stoff der Vorlesung sind (vgl. Kluge 2018, S. 999). Studienabbrecher
beschreiben Faktoren hinsichtlich der Motivation und der Demotivation. Eine
Studie untersuchte neun dieser Faktoren auf Relevanz, von denen die entscheidenden drei aufgezeigt werden. Von den Teilnehmenden bemerkten etwa 70 %
den Leistungsdruck als weitreichenden Faktor, was die oben genannten Aspekte
untermauert. Fast genauso viele hatten Probleme bei der Formellastigkeit sowie
den berufsirrelevanten Studieninhalten. Der am dritthäufigsten genannte Faktor
war die mangelnde Betreuung durch Lehrende, welche mit gut 65 % vertreten
war (vgl. Derboven/Winker 2010, S. 17). Die Studie zeigt, dass ein wesentlicher Erfolgsfaktor das Bestehen der Mathematikklausuren in den ersten beiden
Semestern ist. Werden sie nicht bestanden, ist die Verbleibquote im ingenieurwissenschaftlichen Bereich gering. Lehrende erklären dies mit einer fehlenden
Übungsdisziplin. Nur wenigen Studierenden gelingt es, Übungsaufgaben selbst
zu bewerkstelligen (vgl. Breitschuh et al. 2017, S. 98). Neben den Studienabbre-
chern gibt es auch noch diejenigen Studierenden, die ihr Studium nicht abbrechen,
sondern einen Studiengangwechsel anstreben, in welchem die Mathematik eine
weniger große Rolle spielt (vgl. Kluge 2018, S. 999). Die oberste Priorität besteht
also darin, die Abbruchquote zu reduzieren (vgl. Breitschuh et al. 2017, S. 98).
Um den Abbruchzahlen entgegenzuwirken, werden beispielsweise an der Universität Bochum Fördermaßnahmen explizit für Studierende des ersten Semesters
ergriffen. Hilfestellungen werden in Form von inhaltlichen Angeboten sowie für
organisatorische Probleme des eigenen Lernens unter anderem auch für ingenieurwissenschaftliche Studierende angeboten. Das Ziel ist es, die Studierenden in
Bezug zum Erwerb von Lernmethoden und Arbeitstechniken zu unterstützen, da
sich diese auch im weiteren Studienverlauf auf andere Veranstaltungen auswirken.
Dabei wird eine Selbstorganisationsfähigkeit von den Studierenden gefordert, die
im Allgemeinen nur in sehr geringem Maße verfügbar ist. Studien weisen nach,
dass diese Fähigkeit einen Schlüsselfaktor für erfolgreiches Lernen darstellt (vgl.
Griese/Kallweit 2015, S. 444 f.).

3.3.2.2 Zweifel am Erwerb der Hochschulzugangsberechtigung

Viele Sektoren merken an, dass die Hochschulzugangsberechtigung gerade in Mathematik nicht mehr die Kenntnisse hervorbringt, die für das erfolgreiche Absolvieren des Studiengangs vonnöten sind. Das Ursachengeflecht ist komplex und vielfältig. Unter anderem scheint die Öffnung der Gymnasien für eine große Spannweite an Jugendlichen ein Einflussfaktor zu sein. Auch die Hochschulen ebnen mehrere Wege, ein Studium anzustreben. Das Abitur als eine mögliche Hochschulzugangsberechtigung stellt heute keine zwingende Voraussetzung mehr dar. Zudem werden gerade in den Ingenieurwissenschaften Studienanfänger undifferenziert zugelassen. Die Note im Fach Mathematik verliert außerdem zunehmend an Bedeutung. Auch die Tatsache, dass Bildung das Aufgabengebiet der Länder ist, macht eine Vergleichbarkeit der Mathematikkenntnisse kaum möglich. Ferner wird in der Literatur mehrfach kritisiert, dass das Niveau im Fach Mathematik seit einigen Jahren sinkt (vgl. Schott 2012, S. 44 f.). Von einigen wird das Abitur als eine der möglichen Hochschulzugangsberechtigungen in höchstem Maße kritisiert, wie: „[…] Im Allgemeinen liefert es keine Hochschulreife" (Schott 2020, S. 20). Als mögliche Forderungen gehen unter anderem eine Aufwertung im Fach Mathematik durch eine Ausdehnung der vorhandenen Fördermechanismen sowie überprüfbare Minimalanforderungen am Anfang und Ende einer jeden Bildungsstufe hervor. Des Weiteren bestehen Forderungen der Einschränkung von Studienzulassungen und möglicherweise vor Studienbeginn durchzuführende Eignungstests im Fokus (vgl. Schott 2012, S. 45). Zusammengefasst stellt sich die Frage, ob die Mathematikkenntnisse für ein ingenieurwissenschaftliches Studium ausreichend sind. Seit Jahren gibt es diesbezüglich berechtigte Zweifel, ob die Schulabschlüsse den zukünftigen Studierenden einen Zugang bieten, der den Anforderungen hinsichtlich eines Studiums genügt (vgl. Schott 2020, S. 19 f.). Über das Erreichen der Anforderungen und die einhergehende Studierfähigkeit wird bereits auch seit langem diskutiert. Die Probleme werden zumeist in den Bildungsstandards, in den Lehrplanveränderungen und den zentralen Prüfungen gesucht, wohingegen die zentralen Prüfungen in Form des Zentralabiturs geradezu gefordert werden, die Studierfähigkeit zu gewährleisten (vgl. Büchter 2016, S. 201).

3.3.3 Zahlen und Fakten – Studien zur Ingenieurmathematik

In diesem Absatz werden einige Studien aufgezeigt, um sie mit dem empirischen Teil der Arbeit auf Zusammenhänge und Unterschiede zu vergleichen. An der Fachhochschule Esslingen wurden seit dem Wintersemester 92/93 bis zum Wintersemester 11/12 Eingangstests in Mathematik mit Studienanfängern durchgeführt. Der Vergleich des Vorwissens über diese Zeit zeigt eine deutliche Reduktion auf. Im Wintersemester 92/93 wurden Mittelwerte im Rahmen von Richtigantworten von 58,7 % aufgenommen, wohingegen der Mittelwert im Wintersemester 11/12 auf nunmehr 46,1 % fiel (vgl. Abschnitt 6.1.1) (vgl. Abel/Weber 2014, S. 10). Dabei zeigte sich, dass die Ergebnisse der Lernstandserhebung zu Studienbeginn signifikant mit den Klausurergebnissen korrelierten (vgl. Abschnitt 6.2.2.2) (vgl. ebd., S. 14). Des Weiteren stellte sich häufig heraus, dass auch Kenntnisse aus der Linearen Algebra, wie das Lösen von Gleichungssystemen, eine Schwierigkeit darstellten, was eine Untersuchung bei den Vorkursteilnehmern der Hochschule in Brandenburg zeigte. Viele der Studierenden strebten für die Erarbeitung der Lösung das Einsetzungsverfahren an, was jedoch bei mehreren Gleichungen zunehmend komplizierter und langwieriger wird. Ein deutlich einfacheres Vorgehen würde unter Benutzung des Gauß-Algorithmus erreicht. Viele der Vorkursteilnehmer besaßen in diesem Lösungsverfahren sehr wenige bis keine Kenntnisse, wobei sie häufig das wiederkehrende Schema nicht erkannten. Demnach verzögerte sich die Zeit des Erlernens des Algorithmus (vgl. Schoening/Wulfert 2014, S. 220). Roegner et al. wiesen an der TU Berlin Zusammenhänge zwischen der Teilnahme an einem Vorkurs sowie einem in der Schule vorher besuchten Leistungskurs im Fach Mathematik nach. Dabei stellte sich heraus, dass die Studierenden mit besuchtem Leistungskurs durchschnittlich erfolgreicher waren als diejenigen, die keinen Leistungskurs besuchten. Ferner nahmen die Studierenden mit einem Leistungskurs weniger am Vorkurs teil (62 %), wobei sich der Anteil bei denjenigen ohne Leistungskurs auf 67 % belief (vgl. Roegner et al. 2014, S. 193). In einer weiteren Studie an der Hochschule Emden/Leer wurde die Effizienz des Vorkurses betrachtet. Ein Ein- und Ausgangstest sollte diese untersuchen, wobei dessen Auswertung in jeweils 10er-Prozentschritten erfolgte. In dem Eingangstest vor Besuch des Vorkurses zeigte sich, dass der Mittelwert bei 29,4 % der zu erreichenden Punkte lag. Nur 17 % erreichten mehr als 50 % der möglichen Punkte. Bei wenigen Studierenden (4 %) stellten sich bessere Grundkenntnisse heraus, die größer als 70 % der Gesamtpunktzahl waren. Der Ausgangstest, welcher in Anlehnung an den Eingangstest konzipiert wurde, spiegelte deutlich bessere Ergebnisse wider. 93 % der Studierenden schnitten besser als im Vortest ab und der Mittelwert stieg deutlich von etwa 29 % auf über 51 % an. Während beim Eingangstest nur 17 % die 50 %-Schwelle erreichten, sorgte der Ausgangstest für eine Quote von 54 %, was mehr als das Dreifache bedeutet. Auch die Anzahl der Studierenden, die mehr als 70 % der möglichen Punkte erreichten, stieg deutlich von 4 % auf

15 %. Als Fazit dieser Studie lässt sich anmerken, dass die Teilnehmer des Vorkurses einen erheblichen Leistungsfortschritt machten. Die konkreten Aufgaben wurden hier jedoch nicht benannt. Die Autoren ziehen das Fazit, dass der Einführungskurs zu einem verpflichtenden Kurs gemacht werden sollte, um möglichst viele Studierende anzusprechen. Erreicht werden soll dies mit einem geschickten Anschreiben, welches an die Studienanfänger gerichtet werden soll (vgl. Krüger-Basener/Rabe 2014, S. 317 ff.). Eine Studie an der Fachhochschule Aachen beschäftigte sich mit den Ergebnissen eines mathematischen Eingangstests, der nach Abschluss des Mathematikvorkurses durchgeführt wurde. In diesem Test waren keinerlei Hilfsmittel zugelassen. Diesbezüglich wurden zwei Hintergrundvariablen hervorgehoben. Eine davon stellte den schulischen Lernerfolg, das heißt die schulischen Leistungen in Form von Noten, dar, die durch die im Schulabschluss erreichte Durchschnittsnote repräsentiert wurde. Dabei wäre zu erwarten, dass dies auch Einfluss auf die Leistungen im Studium nimmt. Die zweite Variable bezog sich auf die Zeitdauer zwischen Schulabschluss und Studienbeginn. Die Hochschulzugangsberechtigung sowie der gegebenenfalls im Fach Mathematik besuchte Leistungskurs sind begleitende Variablen. Die Auswertung des Tests zeigte, dass Studienanfänger trotz sehr guten schulischen Durchschnittsnoten erhebliche elementare schulmathematische Defizite im Test aufwiesen. Die Untersuchung stellte zudem heraus, dass die Zeitdauer zwischen Schulabschluss und dem Beginn eines Studiums keinen entscheidenden Aspekt darstellt (vgl. Henn/Polaczek 2008, S. 46 f.). Die Autoren zogen das Zwischenfazit, dass Studienanfänger, die ein großes mathematisches Vorwissen aber eine schlechtere Durchschnittsnote hatten, eine höhere Erfolgsquote besaßen als diejenigen, die schlechtere Vorkenntnisse aber dafür bessere Noten mitbrachten. Die Aufgaben des Eingangstests bestanden dabei größtenteils aus dem Stoff der Sekundarstufe I, wobei von besonderer Bedeutung ist, welche Inhalte für ein Ingenieurstudium eine Wichtigkeit darstellen. Dabei stellte sich heraus, dass Transformationen von Funktionen, Brüche in Form von Bruchgleichungen, elementare Trigonometrie, Geradengleichungen und das Lösen Quadratischer Gleichungen einen Einfluss auf den Studienerfolg hatten. Gerade diese Themenbereiche aus der Schulmathematik werden jedoch immer mehr ersetzt (vgl. ebd., S. 49). „Diese Auswirkungen für die ingenieurwissenschaftlichen Studiengänge könnten fatal sein" (ebd.). In Anlehnung daran stellten auch Greefrath und Hoever an der Fachhochschule Aachen heraus, dass die Zeitdauer zwischen dem Schulabschluss und dem Beginn des Studiums keinen Einfluss auf die Ergebnisse des Eingangsmathematiktests hatte. Des Weiteren hoben sie hervor, dass der Abschluss einer Berufsausbildung keine Relevanz darstellt. Sie untersuchten in einem weiteren Schritt verschiedene Studiengänge, indem sie diese mit den Ergebnissen des Tests verglichen und

Unterschiede feststellten. Studierende der Elektrotechnik besaßen im Mittel die besten Mathematikkenntnisse und schnitten auch im Test besser ab. Die Autoren begründeten dies so, dass die Lernenden für den Studiengang Elektrotechnik persönlich einschätzten, einen höheren mathematischen Standpunkt einzunehmen als andere Ingenieurwissenschaften (vgl. Greefrath/Hoever 2016, S. 523). In deren Test gab es nur durchschnittliche Lösungsquoten von 40–50 %. Dieser Wert erschien sehr niedrig, wird aber relativiert, da die Quote in einem weiteren Test, der in einem Zeitraum von über zehn Jahren durchgeführt wurde, sich nicht markant veränderte (vgl. ebd., S. 528). Nagel und Reiss berichten in den Beiträgen zur Mathematikdidaktik an der TU München über eine Studie, die das Verständnis mathematischer Begriffe von Studierenden in der Studieneingangsphase aufgreift. Unter anderem beziehen sie sich hinsichtlich dieser Begriffe auf Berechnungen und auf die Kenntnisse über Eigenschaften. Das Ziel der Studie belief sich darin, Informationen über die Ausgangslage der Studienanfänger zu erhalten. Die Testgruppe der Ingenieurwissenschaften besaß eine durchschnittliche Abiturnote im Fach Mathematik von 1,71 mit einer Standardabweichung von 0,557. Die Dauer des Tests betrug ca. 30 Minuten und die Teilnahme war freiwillig. Der Test wurde innerhalb des Vorkurses, welcher ebenfalls freiwillig war, durchgeführt. Die Lösungsrate bezüglich der Angabe von Eigenschaften war erstaunlich gering. Bei der Aufgabe zu Vektoren lag die Lösungsquote zur Angabe zweier Eigenschaften nur bei ca. 28 %, während etwa 40 % ausschließlich falsche Antworten gaben (vgl. Abschnitt 6.1.2) (vgl. Nagel/Reiss 2015, S. 652 ff.). Die Autoren erklärten sich die geringe Lösungsquote zu dieser Aufgabe mit der Diskrepanz zwischen den Wissenskategorien des impliziten und expliziten Wissens. Berechnungen wurden von den Studierenden nämlich mit einer Erfolgsquote von über 80 % bearbeitet, wobei dies nach einem bestimmten Schema ablief. Dies ist damit erklärbar, dass die Fähigkeit, konkrete Eigenschaften zu benennen, eine explizite Angabe umfasst, bei der keine Anwendung von Schemata möglich ist (vgl. ebd., S. 654 f.). Wiederum eine Studie von den Hochschulen Magdeburg und Potsdam befasst sich in einer dreijährig dauernden Untersuchung mit den Einflussfaktoren für den Erfolg des Studiums im ersten Semester. Das Forschungssetting sah gleichbleibende Fragebogenerhebungen vor, die jeweils zu Beginn und zum Ende des Semesters durchgeführt wurden. Die Fragebögen wurden mit dem Eingangstest und der Klausur über anonyme Codes verknüpft. Unter anderem enthielt der Fragebogen persönliche Angaben zum soziodemografischen Hintergrund. Im letzten Durchgang dieser Untersuchung wurde zusätzlich abgeprüft, in welchem Jahr die Studierenden die Hochschulzugangsberechtigung erlangten. Dabei stellte sich ein signifikant negativer Zusammenhang dar, indem das Klausurergebnis am Ende des Semesters umso schlechter ausfiel, wenn der Schulabschluss bereits längere

Zeit zurücklag (vgl. Breitschuh et al. 2017, S. 103 ff.). An der Fachhochschule Südwestfalen in Meschede wurden in jedem Jahr sehr hohe Durchfallquoten in den ersten Veranstaltungen der Mathematik registriert. Dort wurden die Klausuren detailliert analysiert, um Erkenntnisse darüber zu gewinnen, an welchen Stellen sich bei den Studierenden Schwierigkeiten ergaben. Auch diese Studie ermittelte, dass die Kenntnisse aus der Sekundarstufe I bei den Studierenden nicht mehr abrufbar waren. Die wesentlichen Inhalte beliefen sich auf den Umgang mit Brüchen, Klammerausdrücken, Lösen Linearer und Quadratischer Gleichungen sowie Elementen der Ableitung, welche jedoch in der Sekundarstufe II behandelt werden (vgl. Abschnitt 6.1.2) (vgl. Hoppe et al. 2014, S. 166). Klausuren an der TU Braunschweig zeigten, dass Kenntnisse im Umgang mit rationalen Zahlen, die in Klasse 6 Stoff des Unterrichts darstellen, nicht in ausreichendem Maße beherrscht wurden. Als Dezimalzahl ausgedrückte Brüche wurden fehlinterpretiert. Beispielsweise setzten einige den Bruch $^1/_3$ mit dem Prozentwert von 30 % gleich. Dabei ergaben sich mangelnde Kenntnisse sowohl der Bruch- als auch der Prozentrechnung. Auch das Lösen von Ungleichungen ohne Beträge stellte die Studierenden vor eine Herausforderung. Das Finden solcher Lösungsintervalle war keine Selbstverständlichkeit (vgl. Abschnitt 6.1.2) (vgl. Weinhold 2014, S. 252). Ein letzter Aspekt kennzeichnete den Einfluss der Bearbeitung der Übungsblätter im Verlauf des gesamten Semesters. Neben diesem Einfluss auf die Bewältigung der Klausur untersuchten sie zusätzlich den Einfluss der Vorlesung, das Tiefenlernen, das Oberflächenlernen sowie die Anstrengung. Den größten Einflussfaktor im Hinblick auf die Klausur stellten sie mit der Wirksamkeit der Bearbeitung der Übungsblätter heraus (vgl. Griese/Kallweit 2016, S. 335 f.)

3.4 Die Rolle der Tutorinnen und Tutoren

Auf Tutoren kommt in der Lehre eine große Aufgabe zu, die es in dieser Form an der Institution Schule nicht gibt. Sie stellen sowohl in Vorkursen als auch in semesterbegleitenden Tutorien und Übungen das Bindeglied zwischen den Studierenden und den Dozenten dar (vgl. Püschl 2019, S. 7). Nicht nur in den Ingenieurwissenschaften nehmen sie eine wichtige Position ein, sondern auch in einer großen Bandbreite anderer Studiengänge. Diese Rolle wird hier aus mehreren Perspektiven aufgezeigt. In Abschnitt 3.2.3 wurde der Nutzen von Vorkursen dargestellt. Tutoren nehmen bei deren Gestaltung eine wesentliche Funktion ein. Sie helfen den Studienanfängern durch Feedback und Unterstützungsangebote, den Stoff aus dem vorherigen Bildungssystem zu wiederholen, um so den Einstieg der Erstsemester zu erleichtern. Nicht immer gelingt die Aufarbeitung dieses

Stoffs innerhalb des Vorkurses. Aus diesem Grund kann es sinnvoll sein, eine
Form der Mathematiknachhilfe anzubieten, welche Studierende höherer Semester, d. h. in der Regel Tutoren, semesterbegleitend durchführen (vgl. Hoppe et al.
2014, S. 172). Nicht nur innerhalb von Vorkursen spielen Tutoren eine erhebliche Rolle. Dozenten sowie wissenschaftliche Mitarbeiter halten in der Regel
keine Tutorien oder Übungen, wobei beide Instanzen über eine hohe Fachkompetenz verfügen. Trotz alledem werden Übungen aus zeitlichen Gründen zumeist
nicht von den Mitarbeitern gehalten, da die Studierendenzahlen in den meisten
Fällen recht hoch sind. Aus dem Grund benötigt es Tutoren, welche die Rolle als
Übungsleiter übernehmen. Dies ermöglicht eine Vielzahl an Tutorien und Übungen, in denen die Tutoren den Studierenden den Stoff aus der Vorlesung erklären,
wichtige Aspekte wiederholen, aber auch Übungen zum Stoff mit ihnen bearbeiten. Außerdem hat der Einsatz von Tutoren auch einen wirtschaftlichen Vorteil,
da sie kostengünstiger als wissenschaftliche Mitarbeiter sind (vgl. Püschl 2019,
S. 8 f.). Des Weiteren entfällt die Sorge der Studierenden, dass falsche Aussagen bedingt durch fachliches Unverständnis zu negativen Konsequenzen für den
weiteren Studienerfolg führen könnten. Ein weiterer Vorteil besteht in der klei-
neren Teilnehmeranzahl in den Tutorien, da mehr Raum für individuelle Fragen
geschaffen wird. Dies unterscheidet sich von dem Charakter einer Vorlesung, in
der einige Studienanfänger einerseits Hemmungen haben, unter vielen Gleichge-
sinnten eine falsche Aussage zu treffen und andererseits die Sorge besteht, dass
der Dozent im weiteren Verlauf des Studiums eine mündliche Prüfung abnimmt.
Doch auch für die Tutoren selbst ergeben sich durch das Halten der Veranstaltungen Vorteile. Diese belaufen sich einerseits darauf, dass studentische Hilfskräfte
einen finanziellen Zugewinn verzeichnen. Des Weiteren erfahren sie ein positives
und soziales Gefühl, wenn sie anderen Hilfestellung anbieten können und knüpfen zugleich Kontakte mit weiteren Tutoren. Ein letzter Punkt zeigt sich darin,
dass sie das bis zu dem Zeitpunkt Selbstgelernte anwenden und andere unter-
richten, was in der Lernpyramide die höchste Stufe bedeutet. Dadurch nimmt
diese Tätigkeit einen sehr hohen Stellenwert für die Studierenden und die Tutoren selbst ein (vgl. ebd., S. 10 f.). Übungen bzw. Hausaufgaben müssen die
Studienanfänger semesterbegleitend nahezu in jeder beginnenden Mathematikveranstaltung bearbeiten. Diese werden nach Abgabe von den Tutoren korrigiert
(vgl. Biehler et al. 2016, S. 387). Die Korrektur der Übungsblätter setzt sich
aus zwei Elementen zusammen. Einerseits handelt es sich um Feedback mittels
Bepunktung der Aufgaben als Form der Leistungsbewertung (vgl. ebd., S. 390).
Die Korrekturen sollen aber eine höhere Qualität besitzen als die reine Rück-
gabe der Punktzahl von den Übungsaufgaben (vgl. ebd., S. 387). Aus diesem
Grund besteht andererseits der zweite Nutzen darin, die Studierenden in ihrem

eigenen Lernprozess zu unterstützen. Das Ziel ist es, möglichst beide Aspekte in einem angemessenen Rahmen zu berücksichtigen. Die erfolgten Klausuren und die dort erkannten Schwächen lassen sich grundsätzlich aus zwei Perspektiven betrachten. Entweder ist das Feedback der Tutoren von den Übungsaufgaben nicht sachgemäß erfolgt oder die Studierenden haben dieses Feedback nicht wahr- bzw. ernstgenommen. Daher ist es naheliegend, eine Verbesserung des Übungsbetriebs anzustreben (vgl. Biehler et al. 2016, S. 389 f.). Im Gemeinschaftsprojekt LIMA von den Universitäten Paderborn und Kassel wurden die Korrekturen der Übungsaufgaben der Tutoren analysiert, um daraus Anforderungen zu entwickeln, die ein feedbackorientiertes Korrigieren der Übungsblätter ermöglichen (vgl. ebd., S. 387). Dessen Anforderungen belaufen sich unter anderem darauf, dass die Tutoren möglichst objektiv korrigieren sollen. Das könnte beispielsweise eine aus den Abgaben der Übungsaufgaben benutzte Kennung statt des Namens sein, was die Objektivität gewährleistet. Außerdem gibt es weitere Faktoren, die keinen Einfluss auf die Korrektur nehmen sollten. Dabei geht es unter anderem um Faktoren wie die Stimmung der Tutoren am Tag des Korrigierens oder eine gewisse Sympathie den Studierenden gegenüber, was oben genannte Aspekte berücksichtigen würde. Eine weitere Anforderung ist ein Korrekturschema, welches von den Tutoren eingehalten werden muss. Wenn sich abweichende Bearbeitungen herausstellen, sollten sie einen Mitarbeiter hinzuziehen, um valide Ergebnisse zu erzielen. Die Korrektur der Tutoren als Feedback für die Studierenden fällt je nach korrigierendem Tutor unterschiedlich aus, was die Wichtigkeit eines Korrekturschemas nochmals hervorhebt. Dass Feedback keinen unerheblichen Anteil auf die Korrekturen von Übungsaufgaben hat, zeigte die im Jahr 2009 durchgeführte Studie von Hattie. Er wies nach, dass Feedback einen hohen Stellenwert mit einer Effektstärke von 0,79 einnimmt. Genau aus diesem Grund ist die Bewertung ausschließlich in die Kategorien „richtig" und „falsch" suboptimal. Die Rückmeldung zu den Übungsaufgaben sollte allerdings auch nicht überfüllt ausfallen, da sie dadurch unübersichtlich wird. Nur die groben Fehler sollten herausgestellt und kommentiert werden, die den Studierenden in Bezug zum Lernziel weiterhelfen. Dazu zählt auch ein kritischer Blick auf die für die meisten Studierenden neue mathematische Ausdrucksweise (vgl. ebd., S. 390 ff.). Diese beschriebene und ausdifferenzierte Rückmeldung der Tutoren an die Studierenden ist zeitlich aufwendig und die Tutoren müssten eine Qualifikation erlangen, um Inhalte auf der Metaebene zu reflektieren. Deshalb wurden innerhalb des Projekts LIMA die genannten Maßnahmen entwickelt, die die Tutoren genau dabei unterstützen sollen (vgl. ebd., S. 395 f.). Zusammengefasst nimmt die Korrektur studentischer Tutoren einen sehr großen Stellenwert ein, der nicht zu unterschätzen ist. Eine unmittelbare Voraussetzung für die Tutoren ist demnach eine hohe Fachkompetenz, um Korrekturen in angemessenem Maße ausführen zu können (vgl. ebd., S. 402). Ein Tutorium zu halten stellt gerade für die neuen Tutoren häufig eine Herausforderung dar. Um als Tutor arbeiten zu dürfen, müssen sich die potenziellen Tutoren teilweise auf eine Art Einstellungstest einlassen, indem sie die relevanten Fähigkeiten beweisen sollen. Während viele Tutoren im Wintersemester mit der ersten Stelle beginnen und zu diesem Zeitpunkt erste didaktische Erfahrungen sammeln, fehlt ihnen durch ihr bereits fortgeschrittenes Studium das Einschätzungsvermögen, welche Schwierigkeiten Studienanfänger in den Ingenieurwissenschaften mitbringen. Auch zeitliche Probleme spielen dabei eine Rolle, da der Stoff der Mathematikvorlesungen von großem Umfang geprägt ist (vgl. Heimann et al. 2016, S. 409). Gerade bei neuen Tutoren bietet es sich demnach an, Assistenten in regelmäßigen Abständen in den Tutorien hospitieren zu lassen, um anschließend mit dem durchführenden Tutor über mögliche Erfahrungen zu reflektieren und Verbesserungen auch im Hinblick auf das zu bearbeitende Blatt auszutauschen, was dadurch zu einer Verbesserung und Überarbeitung des Lehrmaterials führen würde (vgl. ebd., S. 417). Ohne diese Optimierung wird sich der Zuwachs an Erfahrungen nur in geringem Maße verbessern, denn ohne Unterstützung von Außenstehenden verhalten sich die Tutoren in der Regel so, wie sie es einige Zeit vorher selbst im Tutorium erlebt haben und knüpfen daran an (vgl. Püschl 2019, S. 4).

Teil II
Empirischer Teil

Messinstrumente

4

In diesem Kapitel werden mögliche Methoden zum Zwecke der Forschung aufgezeigt, bevor eine präferierte Methode ausgewählt und begründet wird. Danach werden potenzielle Störvariablen der gewählten Methode sowie berücksichtigte Aspekte des Datenschutzes dargestellt.

4.1 Methodenmöglichkeiten

Im Folgenden werden zwei Methodenmöglichkeiten dargelegt. Beide Forschungsoptionen haben eine Gemeinsamkeit. Die zu Befragenden müssen die Bereitschaft haben, an Umfragen oder Ähnlichem teilzunehmen und positiv gegenüber Antworten eingestellt sein, da diese sonst Einfluss auf die Ergebnisse der Forschung nehmen, was zu deren Verfälschung führen würde. Ergänzend spielt auch die Sorgfalt der Antworten eine Rolle (vgl. Baur/Blasius 2014, S. 50). Zwei entscheidende Aspekte sind außerdem auch die Abstimmung der Art der Erhebung sowie die Ziehung der Stichprobe (vgl. ebd., S. 54).

4.1.1 Qualitative Forschung

Wichtige qualitative Forschungsmethoden stellen häufig persönlich-mündliche, telefonische, schriftlich-postalische sowie Online-Befragungen dar. Dabei ist es entscheidend, dass die Befragten das Werkzeug „Fragebogen" bedienen können. In der qualitativen Forschung sollte genauso wie auch in der quantitativen Forschung eine vorherige Testung des Settings vonstattengehen, wobei diese auch oft in den Forschungsprozess selber integriert wird. Hierbei spielen aufkommende Schwierigkeiten eine verminderte Rolle als in der quantitativen Forschung (vgl. Abschnitt 4.1.2). Sie können im weiteren Verlauf des Forschungsprozesses korrigiert werden. Dabei ist es möglich, Fragen leicht zu ergänzen oder Beobachtungssituationen anzupassen. Gerade bei neueren Gegenstandsbereichen birgt dies den Vorteil, da somit das Forschungsfeld sukzessive angenähert werden kann. Bei der Untersuchungsmethode eines Interviews spielt der motivationale Aspekt der interviewten Personen eine große Rolle. Sie entscheiden, ob das Interview stattfindet und wie qualitativ hochwertig es wird. Dabei kommen Fälschungen hinsichtlich der Auswertungen der Interviews häufiger vor, als dies angenommen wird. Dahingegen hat die qualitative Forschung nur sekundäre Probleme bei Verweigerungen an der Teilnahme an Umfragen, da sie durch strukturähnliche Fälle ausgeglichen werden können (vgl. Baur/Blasius 2014, S. 50 f.).

4.1.2 Quantitative Forschung

Gerade in der quantitativen Forschung sollten die Forschungsinstrumente festgesetzt werden, bevor die eigentliche Datenerhebung durchgeführt wird. Erfolgt dies nicht, sind deutlich höhere Kosten, beispielsweise in Form von Druckkosten, keine Seltenheit. Sollten sich während der Durchführung der Studie fehlerhafte oder vergessene Fragen herausstellen, dann lassen sie sich nicht mehr hinzufügen bzw. berichtigen, da die Fragebögen bereits gedruckt und an die Zielgruppe verteilt wurden. Diese Gattung von Mängeln kann durch eine vorangehende und sorgfältige Prüfung vermieden werden. Für quantitative Forschung bedarf es einer akzeptablen Ausschöpfungsquote. Aktuelle Untersuchungen zeigen, dass genau diese nicht mehr gegeben ist und sich die Zahl der Teilnehmenden verringert. Des Weiteren spielt der Aspekt eine Rolle, dass manche Fragen nicht bearbeitet werden und damit unbeantwortet bleiben (vgl. Baur/Blasius 2014, S. 49 f.).

4.2 Methodenauswahl und -begründung

Zuvor wurden die möglichen Forschungsdesigns sowie einige Aufschlüsselungen aufgezeigt. Für diese empirische Studie wurde sich für die Durchführung einer quantitativen Forschung mittels Fragebogen und Lernstandserhebung entschieden. Durch die langjährige Tutorentätigkeit des Autors in den Veranstaltungen der Höheren Mathematik I und der Höheren Mathematik II kann er diese als semesterbegleitender Tutor durchführen. Die quantitative Studie wurde in der Form durchgeführt, da Informationen von einer möglichst breiten Masse an Personen eingeholt werden können, um dadurch ein gewisses Maß an Repräsentativität zu erhalten. Um das zu erreichen, werden Aspekte der schulischen Vorbildung erfragt und einhergehende Mathematikkenntnisse abgeprüft. Das Ziel dadurch ist es, Informationen von möglichst vielen Studierenden in den Ingenieurwissenschaften der Universität Siegen in Bezug zur schulischen Vorbildung zu erhalten und im Hinblick auf ihre mathematischen Grundkenntnisse aus der vorherigen Schulbildung aufzunehmen. Mit der großen Anzahl an teilnehmenden Studierenden sollen diese Daten erhoben werden, um mit deren Ergebnissen etwaige Rückschlüsse sowie Zusammenhänge und Abhängigkeiten herauszustellen. Mit einer qualitativen Studie könnten die Studierenden nicht in dem Umfang geprüft werden, damit die Ergebnisse hinreichend repräsentativ sind. Durch die Tätigkeit des Autors als Tutor begleitet er die Studierenden anschließend im Wintersemester 20/21 und kann so vor der Erhebung Kontakt zu ihnen aufbauen. Ferner gibt es aus diesem Grund die Möglichkeit, Ergebnisse von der am Ende des Semesters zu schreibenden Klausur zu erhalten, die über die Kennung (vgl. Anhang (c) im elektronischen Zusatzmaterial) mit dem Fragebogen zur schulischen Vorbildung und den Ergebnissen der Lernstandserhebung zugeordnet werden können, um auch diesbezüglich Zusammenhänge herauszustellen.

4.3 Potenzielle Störvariablen

Auf die Ergebnisse, die unter Kapitel 6 beschrieben werden, könnten Störgrößen wirken, auf welche in diesem Abschnitt exemplarisch eingegangen wird. Die Studie wird jeweils am Ende der Tutorien durchgeführt, sodass die Motivation seitens der Studierenden eine große Rolle spielt, um daran teilzunehmen. Dieser Aspekt ist gerade bei abends stattfindenden Tutorien zu berücksichtigen. Oben wurde herausgestellt, dass die Bereitschaft für die Teilnahme an Studien seitens der Studierenden gesunken ist, was auch hier eine Gefahr birgt (vgl. Abschnitt 4.1.2). Zu guter Letzt dauert die Erhebung länger als die einzelnen Tutorien, sodass sie für die Teilnahme zusätzliche Zeit investieren müssten, um den Fragebogen auszufüllen und das Aufgabenblatt zu bearbeiten.

4.4 Relevante Aspekte des Datenschutzes

Um die Aspekte des Datenschutzes zu berücksichtigen wurde eine Erklärung entwickelt, die an einem der Bögen angeheftet wird, welche die Studierenden erhalten. Vor der Testbearbeitung sollen sie die Hinweise durchlesen. Darauffolgend wird mit einer Information darüber begonnen, warum diese Erhebung stattfindet und wie genau das Forschungsvorhaben lautet. Folgend werden die Studierenden über den Umfang informiert, aus wie vielen, auch längerfristigen Bestandteilen es besteht und welchen Nutzen es am Ende haben soll. Auf allen Bögen sind Felder angegeben, die für eine individuelle Kennung der Studierenden stehen. Die Eintragung sorgt für Zuordnungsmöglichkeiten. Die Studierenden werden auch darüber in Kenntnis gesetzt, dass diese Kennung ebenso auf der am Ende des Semesters stattfindenden Klausur zur Veranstaltung zu Zuordnungszwecken eingetragen werden soll, was zusätzlich auf den Hinweisen zum Datenschutz notiert ist. Die Bearbeitung der Erhebung ist freiwillig und kann demnach auch verweigert werden, was darin explizit ausgezeichnet ist. Zuletzt wird den Studierenden die Versicherung des Autors gegeben, dass die anonymen Daten aus den Fragebögen ausschließlich zum Zweck dieser Masterarbeit genutzt werden, keine Namen erfahren werden und ausschließlich namenlos über die Kennung eine Verbindung her- und ein Vergleich angestellt wird. Die vollständige Datenschutzerklärung befindet sich im Anhang (b) im elektronischen Zusatzmaterial.

Datenerhebung – Durchführung der Untersuchung

5

Im fünften Kapitel werden zunächst die Stichprobenteilnehmer hinsichtlich der persönlichen Angaben sowie der schulischen Vorbildung vorgestellt, bevor im Rahmen der quantitativen Untersuchung der Fragebogen zur schulischen Vorbildung und die Aufgaben der Lernstandserhebung näher erläutert werden. Die Anzahl der Teilnehmer beläuft sich auf n = 95. Zwei der Teilnehmer übersahen die Rückseite des Fragebogens, sodass die Stichprobe bei sechs der insgesamt elf Fragen auf n = 93 schrumpft, welche an entsprechender Stelle gesondert ausgezeichnet werden. Alle folgenden Berechnungen und erstellten Diagramme belaufen sich auf Auswertungen mit Microsoft Excel.

5.1 Daten der Studierenden

In diesem Abschnitt wird auf die teilnehmenden Studierenden eingegangen. Dazu werden die Antworten der Studierenden in Anlehnung an den Fragebogen in persönliche und schulische Angaben gegliedert. Im Allgemeinen wird aufgezeigt, welche Voraussetzungen sie mitbringen, die wiederum unter Abschnitt 6.1.3 mit den Ergebnissen der Erhebung in Verbindung gebracht werden.

5.1.1 Persönliche Angaben

Zu den persönlichen Angaben des gesamten Fragebogens zählen das Alter der Studierenden zum Zeitpunkt der Erhebung, die Angabe darüber, ob sie diesen Studiengang im Rahmen eines Erststudiums besuchen, am Vorkurs zur Mathematik teilnahmen, welchen Studiengang sie belegen und wie sie ihre mathematischen Kenntnisse zu Beginn des Studiums einschätzen. Bei der Angabe des Alters wird

© Der/die Autor(en), exklusiv lizenziert an Springer Fachmedien Wiesbaden GmbH, ein Teil von Springer Nature 2022
J. Plack, *Herausforderung Mathematik im ersten Semester der Ingenieurwissenschaften*, BestMasters,
https://doi.org/10.1007/978-3-658-39551-3_5

39

eine aufgrund der Heterogenität der Studierenden wie zu erwartende große Spannweite verzeichnet. Mit 66 % als ein Großteil der Teilnehmer sind Studierende im
Alter von 18–20 Jahren, was auf eine unmittelbare Aufnahme eines Studiums
nach dem Erwerb der Hochschulzugangsberechtigung hindeutet. Drei der Teilnehmer sind sogar jünger als 18 Jahre, was ggf. auf eine Schullaufbahn mittels G8
zurückgeführt werden könnte. Insgesamt fünf der Studierenden sind im Alter von
24–29 Jahren, wovon zwei zwischen 27 und 29 Jahre alt sind. Dieser Sachverhalt
lässt Rückschlüsse auf eine nach der abgeschlossenen Sekundarstufe I durchgeführte Berufsausbildung vermuten, bei der entweder zuvor oder danach das Abitur
oder Fachabitur erworben wurde. Eine weitere Begründung für das überdurchschnittlich hohe Alter könnte auch eine nach der Berufsausbildung weiterführende
fachpraktische Tätigkeit sein oder ein bereits zuvor absolviertes Studium sowie
ein vorheriger Studienabbruch oder Studiengangwechsel (Abbildung 5.1).

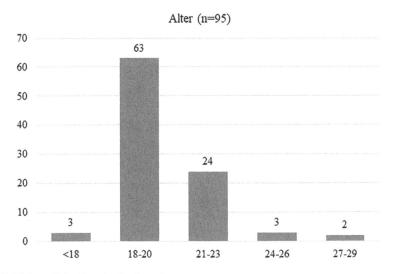

Abbildung 5.1 Alter der Studierenden

Wenn die Daten hinsichtlich der Aufnahme eines Erststudiums betrachtet werden stellt sich heraus, dass dies für einen überdurchschnittlich hohen Anteil von
89 % der Studierenden ein Erststudium darstellt. Nur zehn Personen besuchen die
Höhere Mathematik I mit einem abgebrochenen Studium bzw. in einem anderen
Studiengang höheren Semesters. Darunter befinden sich fünf Personen im dritten Semester, vier Personen im fünften Semester und eine Person im siebten

Semester. Mit diesen Angaben lassen sich die oben angestellten Vermutungen präzisieren. Drei der zehn Personen studieren den Studiengang Bachelor Informatik, in dem die Höhere Mathematik I nicht im ersten Semester vorgesehen ist. Über die noch übrigen sieben Personen lassen sich aufgrund des Fragebogens keine weiteren Informationen gewinnen. Am vierwöchigen, vor Beginn des Studiums stattfindenden Vorkurses nahmen mit 54 % nur gut die Hälfte der Studierenden teil, wobei sich der Wert der Erstsemester, die am Vorkurs teilnahmen, auf 60 % beläuft. Die niedrige Teilnahmequote lässt sich ggf. darauf zurückführen, dass die Studierenden mit Beginn der Corona-Pandemie im März 2020 persönliche Kontakte reduzierten und aus diesem Grund nicht am Vorkurs teilnahmen. Um dies zu verifizieren oder zu falsifizieren, müsste entweder eine Stichprobe der Nichtteilnehmenden des Vorkurses hinsichtlich der Höheren Mathematik I im Wintersemester 20/21 befragt werden oder es müssten Werte aus den Vorjahren zu Vergleichszwecken vorliegen, um eine endgültige Aussage treffen zu können. Dennoch könnte die Ablehnung des Mathematikvorkurses einen weiteren Forschungsgegenstand darstellen. Ferner hätte eine offene Frage zusätzlich im Fragebogen formuliert werden können, weshalb die Teilnehmer nicht am Vorkurs teilnahmen, sofern sie „Nein" ankreuzten. Bezüglich der Studiengänge der Probanden stellt sich eine große Spannweite heraus. Insgesamt werden fünf verschiedene Studiengänge verzeichnet. Diese gliedern sich in Maschinenbau, Wirtschaftsingenieurwesen, Elektrotechnik, Fahrzeugbau und Informatik. Der größte Anteil von 44 % sind Studierende des Maschinenbaus. Am zweithäufigsten ist der Studiengang Wirtschaftsingenieurwesen mit 31 % vertreten. Die Studiengänge Elektrotechnik und Fahrzeugbau nehmen prozentual jeweils ca. 11 % ein, wohingegen nur drei Personen Studierende der Informatik sind (Abbildung 5.2).

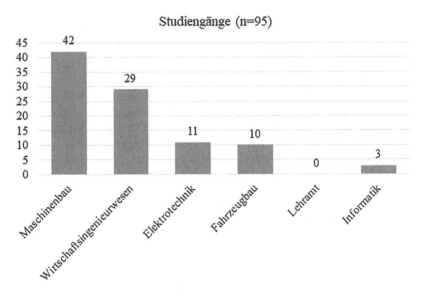

Abbildung 5.2 Studiengänge der Studierenden

Wie aus jeglicher Literatur oder Studien entnehmbar, gibt es zu wenig Lehr-
amtsstudierende im ingenieurwissenschaftlichen Bereich. Der Mangel kann in
dieser Studie aus dem Wintersemester 20/21 unterstützt werden, da sich in der
Stichprobe keine Lehramtsstudierenden befinden. Hinzuzufügen ist, dass Lehr-
amtsstudierende aus dem Bereich nicht zwangsläufig wie im Falle des Autors
grundständig auf Lehramt studieren müssen. Aufgrund des großen Mangels wurden Wege über den Seiten- bzw. Quereinstieg geöffnet, welche in dieser Studie
nicht mit aufgenommen werden. Im Zuge einer Selbsteinschätzung werden die
Studierenden gebeten, ihren mathematischen Kenntnisstand in die Kategorien
„Hoch", "Eher Hoch", "Eher Gering" und "Gering" einzuschätzen. Darunter
schätzen 61 % ihren Kenntnisstand als „Eher Hoch" ein, wohingegen sich eine
Person auf einen Kenntnisstand von „Gering" einstuft. Insgesamt geben zwei Personen darüber keine Auskunft. Inwieweit sich die Studierenden selber einschätzen
können, wird in Abschnitt 6.1.3.1 aufgeführt.

5.1.2 Schulische Angaben

Die schulischen Angaben gliedern sich in eine Abfrage einer vorhandenen Berufs-ausbildung und sofern vorhanden, in den jeweiligen erlernten Beruf. Ferner beinhalten sie Daten zur besuchten Schulform vor dem Studium, zur Qualifi-kation zur Hochschule, ob sie im Fach Mathematik einen Grund- oder einen Leistungskurs besuchten, welche Durchschnittsnote sie im Abitur vorweisen sowie die Information über die Note im Fach Mathematik. Die Angabe der Studierenden über eine vor dem Studium absolvierte Berufsausbildung zeigt, dass nur 21 Personen eine Berufsausbildung vor Studienbeginn abschlossen. Insgesamt gibt es darunter acht verschiedene erlernte Berufe, was eine hohe Viel-falt zeigt. Es sind in absteigender Reihenfolge nach Anzahl der Studierenden die Berufe Industriemechaniker, Technischer Produktdesigner, Werkzeugmecha-niker, Mechatroniker, Zerspanungsmechaniker, Informationstechnischer Assistent, Tischler sowie Feinwerkmechaniker vertreten. Eine Person gibt bei der Abfrage nach einer Berufsausbildung, obwohl „Ja" angekreuzt wurde, „keine Angabe" an, weshalb den Berufen insgesamt nur 20 statt 21 Studierende zugeordnet werden können. Darunter machten neun Personen eine Ausbildung zum Industriemecha-niker. Die anderen Berufe sind mit Anteilen zwischen einer und drei Personen vertreten (Abbildung 5.3).

Als nächstes werden die Schulformen aufgezeigt, mit der sich die Studien-anfänger für die Hochschule qualifizierten. Darunter zeigt sich, dass der Zugang über das Gymnasium mit 66 % einen großen Teil darstellt. Der zweithöchste Anteil an Zubringern zur Hochschule ist das Berufskolleg. Der Anteil der Abgän-ger beläuft sich auf 21 %. Die Gesamtschule bildet mit 13 % das Schlusslicht. Zwei Personen geben diesbezüglich „keine Angabe" an (Abbildung 5.4).

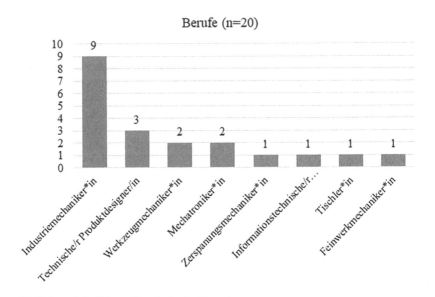

Abbildung 5.3   Erlernte Berufe der Studierenden

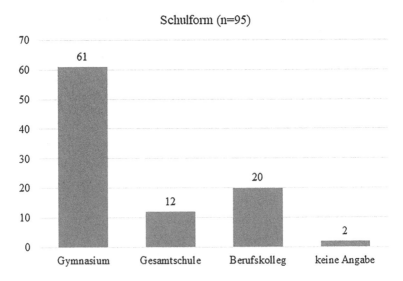

Abbildung 5.4   Schulform zum Erwerb der Hochschulzugangsberechtigung

Die Qualifikation zur Hochschule kann grundsätzlich nicht nur im klassischen Sinne über das Abitur oder das Fachabitur, sondern auch über die berufliche Qualifikation erlangt werden. Dies meint den Zugang zur Hochschule, nachdem die Studierenden eine mindestens zweijährige Berufsausbildung absolviert haben und zusätzlich mindestens einer dreijährigen beruflichen Tätigkeit nachgegangen sind (vgl. Uni Siegen 2020). Diese Form der Qualifikation ist nicht in der vorliegenden Stichprobe enthalten. Eine große Anzahl von 95 % der Studierenden gelangten mit dem Abitur zur Hochschule, wohingegen nur fünf Personen, die sich am Berufskolleg für die Hochschule qualifizierten, mit dem Fachabitur an die Hochschule kamen. Wiedermals machten zwei Teilnehmer „keine Angabe". Fokussiert man sich bei den unterschiedlichen Bildungsgängen mit dem Ziel einer Hochschulzugangsberechtigung auf das Fach Mathematik fällt auf, dass ein beachtlicher Anteil von 79 % der Studienanfänger einen Leistungskurs in Mathematik besuchte. Deutlich weniger (21 %) nahmen am Grundkurs teil. Bei dieser Frage geben drei Personen „keine Angabe" an. In dem Zusammenhang wird ein Aspekt hinzugefügt. Diejenigen der gesamten Stichprobe, die das Abitur oder das Fachabitur über einen zweiten Bildungsweg erwarben, konnten die Frage nicht ordnungsgemäß beantworten, da es dabei die wahlweisen Optionen des Leistungs- oder Grundkurses nur beschränkt gibt. Aus diesem Grund war die Frage an der Stelle nicht konkret genug gestellt. Die letzten beiden Aspekte sind die durchschnittlichen Noten im Abitur bzw. im Fachabitur sowie deren Mathematiknote. Bei der Durchschnittsnote lässt sich feststellen, dass 34 % im Notenraum von 2,3–2,8 liegen. Fünf Personen erzielten überdurchschnittlich gute Noten zwischen 1,1 und 1,3, drei dagegen unterdurchschnittliche Leistungen zwischen 3,5 und 4. Hier liegt die Anzahl der Personen ohne Angabe einer Note bei drei (Abbildung 5.5).

Zuletzt wird noch auf die Mathematiknote der Teilnehmer auf dem Zeugnis der Hochschulzugangsberechtigung eingegangen. Mit Abstand erreichte dabei gut ein Fünftel der Studierenden eine Punktzahl von 11P bzw. eine Note von 2. Eine Punktzahl von 5P bzw. die Note 4 erzielte mit elf Personen kein geringer Anteil. Die Note war zusammen mit der 3 am dritthäufigsten vertreten (Abbildung 5.6).

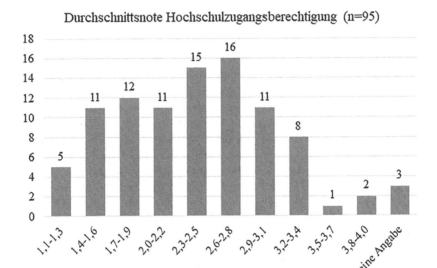

Abbildung 5.5   Durchschnittsnote der Hochschulzugangsberechtigung

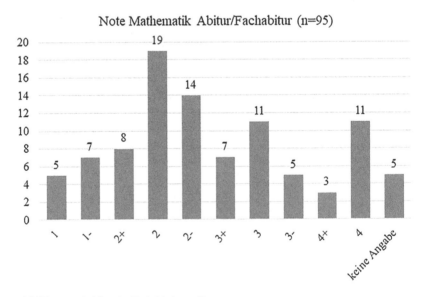

Abbildung 5.6   Note im Fach Mathematik

An der Notenaufteilung fällt auf, dass auch diejenigen, die eine unterdurchschnittliche Mathematiknote im Abitur bzw. Fachabitur erwarben, sich für einen ingenieurwissenschaftlichen Studiengang entschieden. Die in dem Zusammenhang aufkommende Frage könnte lauten, ob sich die Studierenden vor Antritt des Studiums nicht bewusst waren, dass ein Ingenieurstudium ein sehr mathematikbasierendes Studium ist. Um dieser Frage nachzugehen, müsste in weiterer Forschungen explizit danach gefragt werden, um eine mögliche Fehleinschätzung der Studierenden zwischen der von ihnen vorgestellten Mathematiklastigkeit des Studiums und der in Realität auftretenden Mathematik festzustellen. Dies könnte möglicherweise als eine Frage in Form einer quantitativen Studie, wie hoch die Studierenden den Mathematikanteil des Ingenieurstudiums einschätzen, formuliert sein. Auch in der qualitativen Forschung wäre der Aspekt beispielsweise über ein Interview abzufragen.

5.2 Quantitative Untersuchung

In diesem Abschnitt wird der Rahmen für die Durchführung der Studie aufgezeigt. Beginnend mit den Rahmenbedingungen des schulischen Fragebogens und der Lernstandserhebung wird mit dem Umfang der auszufüllenden bzw. zu bearbeitenden Blätter fortgefahren, bevor die einzelnen Aufgaben erörtert und begründet werden. Folgend wird das festgelegte Bewertungsraster für die Auswertung bzw. die Korrektur der Lernstandserhebung beschrieben und begründet. Abschließend wird ein Zwischenfazit über die Durchführung der gesamten Datenerhebung gezogen und über Verbesserungsmöglichkeiten unter Berücksichtigung mehrerer Perspektiven reflektiert.

5.2.1 Rahmenbedingungen des Fragebogens und der Lernstandserhebung

Die Studie wird, wie erwähnt, im Rahmen der Höheren Mathematik I durchgeführt. Im Wintersemester 20/21 werden für diese Veranstaltungen insgesamt acht Tutorien angeboten, von denen der Autor zwei selber hält (vgl. Anhang (a) im elektronischen Zusatzmaterial). Für die Untersuchung stehen 15 Minuten am Ende des offiziellen Teils des Tutoriums zur Verfügung. Um die Bögen von möglichst vielen der Studierenden ausfüllen zu lassen, besucht der Autor die von anderen Tutoren durchgeführten Tutorien ca. 15 Minuten vor Ende, um die Studie durchzuführen. Gleiches Vorgehen zeigt sich auch bei den selbst gehaltenen

Tutorien. Anzumerken ist, dass die Studierenden, die an der Studie teilnehmen, vor deren Bearbeitung bereits ca. 75 Minuten mathematische Inhalte mit den jeweiligen Tutoren behandeln. Aus diesem Grund muss die Frage nach der Motivation aber auch der Konzentration seitens der Studierenden gestellt werden, da insbesondere drei Tutorien am Abend stattfinden. Am Ende der jeweiligen Tutorien wird das Vorhaben angekündigt und die Studierenden werden darüber und über die daraus resultierende Freiwilligkeit der Durchführung in Kenntnis gesetzt. Ferner erhalten sie ausführliche Informationen zur Durchführung und insbesondere zum Datenschutz. Der für die Bearbeitung zur Verfügung stehende grobe Zeitrahmen beträgt ca. 45 Minuten, was bedeutet, dass sie nach den 15 Minuten, die aus den ursprünglich laufenden Tutorien stammen, zusätzlich ca. 30 Minuten freiwillig investieren und sich Zeit für diese Erhebung nehmen. Zuletzt wird ihnen noch mitgeteilt, dass kein zeitlicher Druck ausgeübt wird und sie sich mit der Bearbeitung Zeit lassen können, bis sie fertig sind, um unbearbeitete Aufgaben aus Zeitmangel zu vermeiden und dadurch keine Verfälschung herbeizuführen. Die Bearbeitung der Lernstandserhebung findet ohne die Benutzung jeglicher Hilfsmittel, allen voran ohne die Benutzung eines Taschenrechners, statt. Die Aufgaben werden so ausgewählt, dass sie ohne Taschenrechner lösbar sind, was auch die Rahmenbedingung in der am Ende des Semesters zu schreibenden Klausur widerspiegelt (vgl. Anhang (d) im elektronischen Zusatzmaterial). Der letzte Aspekt beläuft sich darauf, dass die gesamte Erhebung zusätzlich als Online Umfrage über das von der Universität Siegen zur Verfügung gestellte Tool LimeSurvey eingerichtet wird, da eines der Tutorien unmittelbar zu Beginn des Semesters über eine Videoplattform angeboten wird. Aus diesem Grund sollen auch aus dem online stattfindenden Tutorium die Studierenden die Möglichkeit haben, sich an der Studie zu beteiligen.

5.2.2 Auswahl und Begründung der Items und der Aufgaben

Der Aufgabenbogen, den die Studierenden bearbeiten, besteht insgesamt aus 14 Aufgaben, wobei drei Aufgaben aus der Oberstufenmathematik und alle weiteren aus der Mittelstufenmathematik stammen. Bei der Wahl der Aufgaben wird auf eine große Vielfalt an Aufgaben vorwiegend aus der Sekundarstufe I geachtet. Für die Mathematik an der Hochschule sind Mittelstufenmathematikkenntnisse unerlässlich, die zumeist im Rahmen eines Vorkurses nicht aufholbar sind (vgl. Abschnitt 3.2.2). Unter Abschnitt 3.1 wurde über den verfassten Mindestanforderungskatalog berichtet, der 2014 im Zuge einer Kooperation von Schule und

Hochschule in Baden-Württemberg entstand. Einige der dort vorgeschlagenen Aufgaben werden in der Lernstandserhebung verwendet, manche darunter geringfügig abgeändert. Weiterhin gibt es auch Aufgaben, die aus den Überlegungen des Autors entwickelt werden. Alle Aufgaben werden im Folgenden erläutert und begründet. Die erste Aufgabe besteht in der reinen Benennung der mit Buchstaben angegebenen fünf verschiedenen Zahlenbereiche, die von den natürlichen Zahlen bis zu den komplexen Zahlen reichen. Die Bereiche spielen gerade bei der Verifikation möglicher Lösungen von Gleichungen bzw. Gleichungssystemen eine entscheidende Rolle. Die komplexen Zahlen sind weder Stoff der Oberstufe noch insgesamt Inhalt einer verpflichtenden Schulzeit. Diejenigen unter den Studierenden, die den Vorkurs besuchten, erfahren jedoch über die Existenz und die Funktion der komplexen Zahlen (vgl. Abschnitt 6.1.3.1). Auch für diejenigen, die den Studiengang Elektrotechnik belegen, sind die komplexen Zahlen im weiteren Studienverlauf nahezu in jeder Fachveranstaltung vertreten und unentbehrlich. Die Studierenden, die sich über das Berufskolleg innerhalb eines Bildungsgangs mit dem Fach Elektrotechnik für die Hochschule qualifizierten, sind mit komplexen Zahlen vertraut, was auch die eigene Erfahrung des Autors widerspiegelt. Für den Abgleich der genannten Parameter wird diese Teilaufgabe der Aufgabe 1 hinzugefügt. Die zweite Aufgabe befasst sich mit Mengen und Intervallen, die bei Funktionsuntersuchungen unter Bezugnahme von Definitions- und Wertebereichen einen großen Teil einnehmen. In der Institution Schule werden Intervalle im Zuge von Skizzen häufig wörtlich und nicht symbolisch formuliert. Auch die Tatsache, dass Intervalle hinsichtlich der oben genannten Zahlenbereiche unverzichtbar sind, wird in der Schule nicht deutlich. Die Winkelberechnung mithilfe von den Funktionen Sinus und Kosinus, um nur zwei zu nennen, ist nur dann zulässig und möglich, wenn zuvor der Definitions- und Wertebereich untersucht wird, um folgend mittels der Umkehrfunktionen, die durchaus im Rahmen der Trigonometrie in der Schule von Bedeutung sind, die beteiligten Winkel auszurechnen. Der Aspekt spielt an der Universität hingegen bei der Untersuchung von der Eigenschaft der Umkehrbarkeit eine wichtige Rolle. Die dritte und die vierte Aufgabe stammen aus dem Mindestanforderungskatalog. Erstgenannte überprüft Grundkenntnisse der Logik. Auch die Binomischen Formeln (hier: die dritte Binomische Formel) sowie das Distributivgesetz sind dabei entscheidend, welche klassischen Stoff aus der Mathematik der Mittelstufe darstellen. Daher ist diese Aufgabe explizit den Kenntnissen aus der Mittelstufe zuzuordnen, weshalb die Studierenden den Fehler in der Aufgabe mit ihrem Vorwissen identifizieren können sollten. In der vierten Aufgabe soll die Lösungsmenge für x im Rahmen einer Ungleichung bestimmt werden. Bei der Aufgabe sind die

Studierenden gefordert, x-Werte, ähnlich wie bei der Prüfung von Gebrochen-
rationalen Funktionen, auszuschließen, bei der sich eine Division durch Null
ergibt. Nach dessen Ausschluss muss eine Fallunterscheidung für Werte von x
größer und kleiner als Null erfolgen, bevor die jeweiligen Lösungen zu einer
Gesamtlösung kombiniert werden können. Die Lösung dieser Aufgabe benötigt
mehrere Teilschritte, wodurch sie sich nicht mittels eines immer wiederkehrenden Schemas lösen lässt und daher Zusammenhangswissen prüft. Aufgabe 5 ist
eine Quadratische Gleichung, die auf zwei verschiedenen Wegen gelöst werden
soll. Im ersten Schritt werden die Studierenden gebeten, die Gleichung mittels Anwendung der p/q-Formel zu lösen, bevor sie diese im zweiten Schritt
unter Zuhilfenahme der Quadratischen Ergänzung lösen und somit das aus der
p/q-Formel stammende Ergebnis verifizieren sollen. Wie sich vielfach aus der
Literatur entnehmen lässt, ist eine Abnahme der Kenntnisse der Mathematik aus
der Mittelstufe allen voran in elementaren Rechenfertigkeiten erkennbar (vgl.
Abschnitt 3.2.2). Damit wird sich auch auf die nächste Aufgabe bezogen. In
der sechsten Aufgabe sollen die Studierenden eine Gleichung aus Brüchen und
Variablen nach einer der Variablen umstellen. Diese Aufgabe stammt in ähnlicher
Form aus dem COSH-Katalog. Sie wird nur hinsichtlich der Variablenbuchsta-
ben abgewandelt, da die Gleichung im Katalog im elektrotechnischen Sinne eine
Gleichung für den Gesamtwiderstand einer Parallelschaltung von zwei Wider-
ständen ist. Aus diesem Grund werden zwei der Buchstaben ausgetauscht, da es
für die Elektrotechniker ein leichtes ist, die Formel umzustellen, da sie in jeder
Formelsammlung zu finden ist und sie diese aufgrund der Wichtigkeit zumeist
präsent haben und auswendig können. Mit der Veränderung der Variablenbuch-
staben besitzt die Aufgabe für alle denselben Schwierigkeitsgrad. Die folgenden
fünf Aufgaben stammen unmittelbar aus COSH. Erste handelt von der Verkettung von Funktionen, wobei die Studierenden drei Funktionen erhalten, die sie
nach gegebenem Muster miteinander verketten sollen. Diese Verknüpfungen sind
den Studierenden vor allem durch die trigonometrischen Funktionen sowie der
e-Funktion bekannt. In Bezug zur Differenzialrechnung, welche maßgeblich für
die Veranstaltung der Höheren Mathematik I ist, stellt die Verkettung bei der
Ableitungsregel, die Verkettungsregel, eine wichtige Rolle dar. Dies ist bei den
oben genannten Funktionen keine Seltenheit. Die beiden folgenden, prägnant
formulierten Aufgaben prüfen verschiedene Kompetenzen ab. Beide enthalten
thematisch die Prozentrechnung. Während die erste Aufgabe elementare Kenntnisse über die geometrische Figur des Kreises abprüft und die Winkelberechnung
unter einer möglichen Berücksichtigung des Dreisatzes beinhaltet, sind bei der
zweiten Aufgabe elementargeometrische Fertigkeiten im Umgang mit der Flä-
chenberechnung eines Dreiecks erforderlich. Zudem leitet die Frage zum Bereich

der Optimierung über, indem die geringfügige Veränderung eines bzw. zweier Parameter/s untersucht werden soll. Die Wichtigkeit dieser Aufgabe, die der Überführung in die jeweiligen Studiengänge der Studierenden dienen soll, wird im Folgenden am Beispiel des Maschinenbaus und der Elektrotechnik aufgezeigt. Im Bereich des Maschinenbaus sind geringfügige Änderungen der Länge eines Kranarmes für die Kräfteberechnung und die damit einhergehende Prüfung auf eine ausreichende Belastungsgrenze ausschlaggebend. In der Elektrotechnik sind geringfügige Änderung von Strom oder Spannung an etwaigen Energiespeichern für die Dimensionierung und die Dynamik von Schaltungen ganz entscheidend. Aufgabe 10 knüpft an die vorherige Aufgabe an. Hierbei ist der Übergang von der reinen mathematischen Betrachtung der Funktionsgattung der Linearen Funktionen sowie deren Aufstellung hin zu der Bedeutung im Anwendungskontext elementar, was für Ingenieure wichtig ist, da sie die erlernte Mathematik in der Höheren Mathematik in das jeweilige Studienfach übersetzen müssen. Im weiteren Verlauf sollen die Studierenden eine Sinusfunktion aufstellen und darin enthaltene Parameter bestimmen. Dazu müssen sie die notwendigen Informationen der Aufgabe entnehmen, um diese in die Sinusfunktion zu implementieren. Hier sind die Amplitude bzw. der Spitze-Spitze Wert, die Verschiebung auf der y-Achse und das Argument der Sinusfunktion einerseits im Hinblick auf die Verschiebung auf der x-Achse und andererseits mit Blick auf die Frequenz zu nennen. Dabei spielt der nicht unmittelbar aus der Aufgabenstellung entnehmbare Mittelwert eine Rolle. Die trigonometrischen Funktionen sind in besonderem Maße für Elektrotechnik Studierende entscheidend, da sie einen wiederkehrenden Teil ihres Studiums allen voran im Bereich der Wechselstromtechnik sowie den darauf aufbauenden weiteren Veranstaltungen einnehmen. Die nun folgenden letzten drei Aufgaben sind vom Autor entwickelt und stellen mit Inhalten aus der Analysis, der Linearen Algebra und der Stochastik Stoff der Oberstufe dar. An dieser Stelle soll erwähnt sein, dass keiner der Teilnehmenden über die berufliche Qualifikation den Weg zur Hochschule nahm, sondern sich alle mit Abitur oder Fachabitur für die Hochschule qualifizierten und somit die Grundlagen zum Lösen dieser Aufgaben geschaffen wurden. Die Aufgabe zur Analysis bezieht sich auf die Differenzialrechnung und prüft größtenteils das Verständnis derer. Um einen Übergang für eine weitere Teilaufgabe zu erhalten, sollten die Studierenden eine Funktion in ein Koordinatensystem eintragen, da diese Skizze auch im letzten Teil der Aufgabe nochmals Verwendung findet. Die Ableitung ist den Studienanfängern aufgrund vielmaliger Berechnungen und Anwendungen im Zuge von Anwendungsaufgaben im Laufe ihrer Schulzeit ein Begriff. Aufgrund der vielfältigen Anwendungen der Studienanfänger ist nicht nur die Berechnung im Zuge von Anwendungen von Wichtigkeit geprägt, vielmehr spielt auch das Verständnis für die Ableitung eine Rolle. Aus Feststellungen der vom Autor in den letzten Jahren gehaltenen Tutorien ist bekannt, dass einige unter den Studienanfängern ausschließlich die ihnen bekannten Regeln anwenden können, das Verständnis hingegen bleibt sehr oft offen (vgl. Abschnitt 3.2.2). Das gibt den Anlass, eine Überprüfung nicht nur innerhalb von einer Rechenaufgabe vorzunehmen, sondern auch das Verständnis abzuprüfen, was den Sinn der Aufgabe darstellt. Die zweite Aufgabe, die Inhalte der Oberstufe abbildet, besteht im Umgang mit Vektoren. Diese haben einen deutlich höheren Einfluss auf Studierende des Maschinenbaus als auf Studierende anderer Ingenieurwissenschaften. In Anlehnung an das oben genannte Beispiel des Kranarms sind Vektoren wegen der Berechnung von Kräften unerlässlich. Auch die verschiedenen Möglichkeiten der Multiplikation von Vektoren sind in diesem Zusammenhang relevant. Nicht zuletzt spielen Vektoren auch eine Rolle bei Lösungen von gewöhnlichen Differenzialgleichungen, die wiederum in allen Ingenieurwissenschaften von großer Bedeutung sind. Die letzte Aufgabe mit Stoff aus der Oberstufe, die auch die letzte Aufgabe der gesamten Lernstandserhebung ist, beinhaltet das Themengebiet der Stochastik, welches an Universitäten im ingenieurwissenschaftlichen Bereich keine Voraussetzung ist (vgl. Abschnitt 3.1). Da die Stochastik allerdings einen Teil des Abiturs darstellt, wird diesbezüglich auch eine Aufgabe für die Lernstandserhebung ausgewählt, in der es im Wesentlichen um das Teilgebiet der Kombinatorik geht.

5.2.3 Aufzeigen und Begründen des Bewertungsrasters

Bevor die bearbeiteten Lernstandserhebungen korrigiert werden, wird ein Bewertungsschlüssel erstellt. Dabei wird sehr viel Wert darauf gelegt, dass dieser ausdifferenziert aufgeschlüsselt wird, um einer möglichen Nicht-Objektivität durch das Korrigieren zu entgehen. Demnach ist es für den Autor wichtig, die Höhe der Punktzahl der Aufgaben nach der Komplexität und nicht nach dem Umfang der Aufgaben auszurichten. Ferner werden aus genannten Gründen nicht nur für Teilaufgaben Einzelpunkte vergeben, sondern auch auf einzelne Aufgabenschritte, die für die Lösung entscheidend und unumgänglich sind. Abschließend soll noch erwähnt werden, dass der Schlüssel für die Punkteverteilung keinesfalls nach den Überlegungen eingangs feststehen wird. Dieser ergibt sich in der Aufschlüsselung erst dann, nachdem einige Lösungen korrigiert werden und feststellt wird, welche Fehler gemacht bzw. welche entscheidenden Aspekte oder Berechnungen vergessen werden. Daher wird der Korrekturschlüssel während der laufenden Korrektur permanent angepasst und nachkorrigiert, sodass im Laufe weiterer Korrekturen der Großteil dieser Aspekte erfasst wird, um auch für Folgeuntersuchungen Reliabilität zu gewährleisten. In Summe können in der Lernstandserhebung 50 Punkte erreicht werden, die nach den oben aufgezeigten Kriterien festgelegt werden. In der ersten Aufgabe werden insgesamt fünf Punkte vergeben, wobei es auf jeden richtig benannten Zahlenbereich einen Punkt gibt. Dafür entscheidet sich der Autor, da die Zahlenbereiche ausschließlich benannt werden müssen. Sechs Punkte sind in der Aufgabe mit Mengen und Intervallen zu bekommen. Dabei werden für die Menge und die beiden Intervalle jeweils zwei Punkte vergeben. Vergessen die Studierenden bei einem der Teile die explizite Betrachtung der Grenzen der Intervalle, erhalten sie einen geringfügigen Punktabzug. In der folgenden Aufgabe wird sich für die Vergabe von zwei Punkten entschieden, die aufgrund der Aufgabenstellung gesamt oder gar nicht vergeben werden. In wenigen Einzelfällen, in denen die Lösungen der Studierenden einen richtigen Aspekt beinhalten, wird jeweils individuell abgewogen. In der dargestellten gebrochen-rationalen linken Seite der Ungleichung in Aufgabe 4 werden auf die drei Schritte Teilpunkte vergeben. Ein wie schon unter Abschnitt 5.2.2 sehr wichtiger Aspekt spiegelt sich im Ausschluss bezüglich der Division durch Null wider. Daher ist es relevant, für die Betrachtung Punkte zu geben. Zusätzlich ist es bei dieser Aufgabe erforderlich, eine Fallunterscheidung durchzuführen. Der dritten Bewertungsgrundlage liegt das Endergebnis zugrunde, sodass insgesamt vier Punkte zu erreichen sind. Dieselbe Punktzahl kann durch Lösen der Quadratischen Gleichung erreicht werden. Bei beiden Teilaufgaben wird für einfache Rechenfehler, durch die sich die Aufgabe nicht markant vereinfacht, ein Punkt abgezogen und dies somit als Folgefehler gewertet. Die Nichteinhaltung der Startbedingung der p/q-Formel wird nicht als Rechenfehler beurteilt und deshalb nur ein halber Punkt abgezogen. In der sechsten Aufgabe sollen die Studierenden mithilfe der Bruchrechnung die gegebene Formel nach einer der festgelegten Variablen umstellen. Da diese Aufgabe keinen hohen Schwierigkeitsgrad besitzt, gibt sie auch nur einen Punkt. Rechenfehler sind kaum möglich, ohne dass die Gesamtaufgabe falsch wird. Auch hier wird sich in wenigen Fällen individuell entschieden und noch ein halber Punkt vergeben. Die Aufgabe mit der Verkettung von Funktionen beinhaltet keinen hohen Schwierigkeitsgrad, weshalb dafür nur insgesamt zwei Punkte angesetzt sind. In Aufgabenteil (b) gibt es eine Besonderheit, die seitens der Studierenden unentdeckt bleiben könnte. Dabei handelt es sich um das Entdecken des Betrags, der durch Radizieren des Quadrats von x entsteht, was mit einem Punktabzug von 0,5 Punkten bewertet wird. Die Winkelberechnung am Kreis in Aufgabe 8 ist eine bekannte Prozent- bzw. Dreisatzrechnung, sodass aufgrund des geringeren Schwierigkeitsgrads nur zwei Punkte für diese Aufgabe vergeben werden. Einen Punkt mehr können die Studierenden in der folgenden Aufgabe erhalten, bei der bei einer prozentualen Längenveränderung der Katheten eine Aussage darüber getroffen werden soll, wie sich daraus resultierend der Flächeninhalt ändert. Die Ergänzung des einen Punkts in Bezug zur vorherigen Aufgabe wird damit erklärt, dass der Term bzw. die Formel inklusive der beiden Anpassungen an den Katheten korrekt dargestellt werden muss. Die gerade aufgezeigte Gewichtung wird auch bei der dann folgenden zehnten Aufgabe als Grundlage genommen. Diese aus dem physikalischen Bereich stammende Aufgabe könte unter anderem mithilfe einer Skizze gelöst werden, da sich dazu die Studierenden der gesuchten Funktion bereits zeichnerisch, d. h. auf ikonischer Ebene, nähern können. Da die Aufgabe in einen physikalischen Kontext eingebettet ist, wird ein halber Punkt abgezogen, sofern nicht die gesuchte und anwendungsorientierte Schreibweise v(t), sondern die rein-mathematische Darstellung f(x) angegeben wird. Die Punkteverteilung für die Aufgabe 11 wird explizit während der Korrektur erstellt, was zu einer Nachkorrektur führen kann. Da diese Aufgabe anspruchsvoll ist, wird für eine Skizze ein Teilpunkt vergeben. Ein weiterer Punkt wird für den richtigen Lösungsansatz der Aufgabe vergeben. Da die Komplexität dieser Aufgabe durch die Teilschritte und weniger durch die reinen Rechnungen bedingt ist, können insgesamt fünf Punkte erworben werden. Im Folgenden werden noch die letzten drei Aufgaben erläutert, die sich mit Mathematikstoff aus der Oberstufe beschäftigen. In der ersten Aufgabe wird das Verständnis aus dem Themenkomplex der Differenzialrechnung abgeprüft, wodurch mit fünf Punkten eine durchschnittlich hohe Punktzahl angesetzt wird. Dabei wird auch darauf geachtet, dass die zu betrachtende Funktion einen geringeren Schwierigkeitsgrad besitzt. Deshalb wird die in der Aufgabenstellung angegebene Funktion genutzt. Um in diese Aufgabe einzusteigen, wird ein Punkt für das Skizzieren der Funktion in ein Koordinatensystem vergeben. Die folgenden beiden jeweils mit zwei Punkten bewerteten Aufgabenteile sind Verständnisaufgaben. Die Studierenden können dennoch Teilpunkte erzielen, wenn in Teil (c) nur die Skizze fehlt, aber sie eine Anwendung nennen können, bei der der Ausdruck unter (b) eine Rolle spielt. Ferner wird ein halber Punkt vergeben, wenn sie das Wort des Differenzenquotienten nennen. Dieser Aspekt ist jedoch im engeren Sinne nicht ganz korrekt, da dabei die Grenzwertbetrachtung außer Acht gelassen wird, die allerdings über die gesamte Aufgabe hinweg nachweislich von großer Bedeutung ist. In der vorletzten Aufgabe steht das Rechnen mit Vektoren im Vordergrund. Dabei sind vier Punkte zu erwerben, wovon einer auf den ersten Teil der Aufgabe zu vergeben ist, in welchem die Summe zweier Vektoren gebildet werden soll. In Teil (b), der einen höheren Schwierigkeitsgrad besitzt, werden drei Punkte auf die Benennung der beiden Möglichkeiten, die beiden richtigen Ergebnisse sowie auf die Interpretation der Zusammensetzung vergeben. Die folgende und damit letzte Aufgabe gibt vier

Punkte und beginnt mit einem Einstieg in Teil (a), der einen Punkt gibt. Danach sollen die Studierenden die Anzahl der Möglichkeiten mithilfe eines geeigneten Modells berechnen, womit sie zwei Punkte erwerben können und zu guter Letzt mithilfe einer Division der Anzahl der Möglichkeiten die Wahrscheinlichkeit bestimmen sollen. Sollte die Berechnung der Wahrscheinlichkeit mit einem fehlerhaften Wert aus Teil (b) stammen, wird nur ein Punkt in (b) abgezogen und ein Punkt unter (c) für die grundsätzlich richtige Rechnung vergeben.

5.3   Zwischenfazit nach Durchführung der Lernstandserhebung

In Abschnitt 5.2.2 wurden die Aufgaben beschrieben und begründet, die den Studierenden in der Lernstandserhebung gestellt wurden. In diesem Abschnitt wird unter anderem eine kritische Selbstreflexion von der Planung der Durchführung bis hin zu den konkreten Aufgabenstellungen durchgeführt und vor allem auf die Ungenauigkeiten der Formulierungen eingegangen. Bevor mit den Verbesserungen der Aufgabenstellungen für künftige Untersuchungen begonnen wird, werden allgemeine Aspekte angesprochen. Das erste Tutorium, in welchem die Datenerhebung durchgeführt wurde, hielt der Autor selbst. Nach Beschreibung des Vorhabens wurden den Studierenden die Bögen zur Bearbeitung in der Reihenfolge „Hinweise zum Datenschutz", „Schulische Angaben", „Mathematische Aufgaben" und „Lösungsbogen" mit einer Büroklammer zusammengeheftet ausgeteilt. Nach den ersten Nachfragen der Studierenden, ob sie die Aufgaben auf dem Aufgabenzettel lösen sollen wurde klar, dass die festgelegte Reihenfolge in der Form nicht sinnvoll war. Wenn der Lösungsbogen vor dem Aufgabenbogen angeheftet ist, fällt dieser den Studierenden unmittelbar auf. Einige Teilnehmer lösten zu Beginn die Aufgaben auf dem Aufgabenbogen, was für die weiteren Erhebungen nicht wünschenswert war, da die Aufgabenbögen nur in beschränktem Maße zur Verfügung standen und sie für weitere Tutorien benutzt werden sollten. Dies fiel frühzeitig auf, sodass die Reihenfolge der Bögen für die Tutorien an den folgenden Tagen geändert werden konnte. Am zweiten Tag der Durchführung stellte sich hinsichtlich der Kennung ein Missgeschick heraus. Dabei hatten Zwillinge dieselbe Kennung. Für diese Erhebung konnten keine Änderungen mehr vorgenommen werden. Daraus folgt aber, dass für weitere Studien Kennungen mit individuelleren Merkmalen abgefragt werden müssen, um solche Dopplungen zu vermeiden. Neben diesen allgemeinen Erfahrungen zeigen sich auch Verbesserungen im Hinblick auf die Aufgabenstellungen. In Bezug auf die dritte Aufgabe könnte beim nächsten Durchlauf nicht nur die Frage danach gestellt werden, was an dieser Darstellung falsch ist, sondern zusätzlich ergänzt werden, dass die Studierenden die gegebene Aussage richtigstellen sollen, um die Ratewahrscheinlichkeit so gering wie möglich zu halten. Im weiteren Verlauf könnte die Aufgabe sechs abgeändert werden. Bei der Korrektur wurde festgestellt, dass einige Studierende die Gleichung nach R auflösten, indem sie auf beiden Seiten den Kehrwert bildeten. Die Intention der Aufgabe bestand darin, Kenntnisse der Bruchrechnung abzuprüfen und aus dem Grund ist sie in der Form nicht reliabel. Um dies aber zu gewähren, sollte ergänzt werden, dass die Gleichung ohne jegliche Doppelbrüche nach R umgestellt werden soll. Unmittelbar in der folgenden Aufgabe, allen voran für Teil (b), könnte hinzugefügt werden, dass die Studierenden soweit wie möglich vereinfachen sollen. Der schwierige Aspekt besteht, wie oben erwähnt, in der Betrachtung des Radizierens von dem Quadrat von x. Damit sollte geprüft werden, ob sie nicht nur die Wurzel und das Quadrat kürzen, sondern auch den entstehenden Betrag kenntlich machen können. Dabei wäre auch die Reliabilität als Gütekriterium nicht gegeben. In der neunten Aufgabe stand die Veränderung des Flächeninhalts eines rechtwinkligen Dreiecks im Fokus. Mit dieser Wortwahl konnten die Studierenden die Antwort mit einer Wahrscheinlichkeit von $^1/_3$ erraten. Die drei Antwortmöglichkeiten gliedern sich in „wird größer", „bleibt gleich" oder „wird kleiner". Dass eine dieser Antworten auch wirklich die Richtige ist, ist unumstritten. Dennoch könnte in Zukunft nicht nur die Frage nach dem „Wie" gestellt, sondern vielmehr gefragt werden, um wie viel Prozent sich der Flächeninhalt ändert. Dann blieben zwar die drei oben genannten und möglichen Antworten gleich, aber die Punkteverteilung verschiebt sich, sodass es für reines Raten nicht die volle Punktzahl gäbe. Auch in der folgenden Aufgabe 10 besteht aus der Sicht des Autors ein potentieller Verbesserungsbedarf. In der aktuellen Formulierung gibt es die Aufgabe, die Funktion (hier: Geschwindigkeit) in Abhängigkeit der Zeit zu bestimmen. Der Fokus liegt dabei auf dem Wort „bestimmen". Während der Korrektur wurde festgestellt, dass einige der Studierenden eine grafische Lösung bevorzugten. Aufgrund der unpräzisen Formulierung wurde auch diese Art von Lösungen akzeptiert und mit der vollen Punktzahl bewertet. Daher sollte die Aufgabe künftig umformuliert werden, sodass erwähnt würde, dass die Studierenden einen algebraischen Term für diesen Sachverhalt angeben sollen. Zudem soll dazu eine Skizze dienen, was den Vorteil mit sich bringt, dass sie auch bei nicht korrekter Angabe des Funktionsterms Teilpunkte erwerben könnten. Ein ähnlicher Aspekt liegt Aufgabe 11 zugrunde. Dabei sollen die Parameter der Sinusfunktion mit der Angabe einiger Informationen bestimmt werden. Hier sind zwei Umformulierungen vonnöten: Einerseits sollte in der Aufgabenstellung festgehalten werden, dass die Studierenden nicht nur die Parameter angeben sollen, sondern auch abschließend die gesamte Sinusfunktion. Andererseits sollte zuvor eine Skizze gefordert werden, die sie auf dem Weg zur Generierung der Funktion unterstützen soll. Des Weiteren gäbe es auch dann wieder die Möglichkeit, Teilpunkte zu vergeben. Auch in den ersten beiden Aufgaben zur Oberstufenmathematik besteht aus der Sicht des Autors Verbesserungsbedarf. Die Teilaufgabe (a) der zwölften Aufgabe erfordert eine Skizze, die den funktionalen Zusammenhang widerspiegelt. Grundsätzlich wurde es als selbstverständlich angesehen, dass das skizzierte Koordinatensystem nicht nur aus zwei orthogonalen Strichen besteht, sondern auch eine treffende Skalierung inklusive Pfeilspitzen an den beiden Enden der Achsen enthält. Dies war allerdings für die Studierenden nicht selbstverständlich, was zu der Verbesserung führt, explizit auszuweisen, dass das Koordinatensystem nicht nur qualitativ, sondern auch quantitativ skizziert werden soll, also mittels einer Skalierung an den Achsen. Die Pfeilspitzen sollten dennoch nicht explizit erwähnt werden, denn die Gewohnheit sollte aus der vorherigen schulischen Bildung Voraussetzung sein. Zuletzt soll angemerkt werden, dass in dieser Erhebung keine Punkte dafür abgezogen wurden. Die letzte Aufgabe, die in den Augen des Autors hinsichtlich der Formulierung verbesserungswürdig erscheint, ist Teil (b) in der Aufgabe zu den Vektoren. Das Fragewort „welche" impliziert nicht eindeutig, dass die Möglichkeiten auch konkret angegeben werden, worin jedoch das Ziel bestand. Aus diesem Grund sollte auch hier eine Umformulierung vorgenommen werden, die vorsieht, dass die Studierenden die Möglichkeiten benennen sollen. Zu guter Letzt bleibt innerhalb des Rückblicks festzuhalten, dass eine detaillierte Planung in Bezug zur Formulierung der Aufgaben bzw. Teilaufgaben und zur organisatorischen Struktur vorgenommen werden muss, was die aufgekommenen Verständnisschwierigkeiten zeigen. Ferner soll ausdrücklich betont werden, dass viele der Studierenden innerhalb der Präsenztutorien an der Erhebung teilnahmen.

Ergebnisse und Interpretationen 6

Im sechsten Kapitel werden die Ergebnisse der Studie aufgezeigt und interpretiert. Dazu wird mit der Auswertung der Lernstandserhebung begonnen, bevor Zusammenhänge in Bezug zu persönlichen und schulischen Angaben der Stichprobe und zudem Gleichheiten und Abweichungen mit aufgeführten Studien herausgestellt werden. Im weiteren Abschnitt wird die genannte Untersuchung mit der am Ende des Semesters stattgefundenen Klausur zur Höheren Mathematik I durchgeführt. Zuletzt werden am Ende dieses Kapitels die Forschungsfragen beantwortet. Zur Auswertung sei vorangestellt, dass nicht bearbeitete Aufgaben, wie auch bei Baur und Blasius, aus den Ergebnissen herausgerechnet werden, um diese nicht zu verfälschen (vgl. Baur/Blasius 2014, S. 54). Des Weiteren wird sich hinsichtlich der Codierung ebenso an der oben genannten Quelle orientiert (vgl. ebd., S. 998).

6.1 Auswertung der mathematischen Leistungserhebung

In diesem Abschnitt werden die allgemeinen Ergebnisse der Lernstandserhebung aufgezeigt. Des Weiteren werden entscheidende Mittelwerte mancher Aufgaben dargestellt. Die Angabe der Mathematiknoten seitens der Studierenden erfolgt in Notenpunkten. Die Notenpunkte, die eine Zwischennote repräsentieren, werden bei Bedarf mit Komma sieben und Komma drei umgerechnet (vgl. Uni Gießen 2011, S. 2).

© Der/die Autor(en), exklusiv lizenziert an Springer Fachmedien Wiesbaden GmbH, ein Teil von Springer Nature 2022
J. Plack, *Herausforderung Mathematik im ersten Semester der Ingenieurwissenschaften*, BestMasters,
https://doi.org/10.1007/978-3-658-39551-3_6

6.1.1 Ergebnisdarstellung

Die Ergebnisse dieser Lernstandserhebung stellen auf den ersten Blick unterdurchschnittliche Leistungen dar. Die maximal mögliche Punktzahl beträgt 50
Punkte, die vorher nicht festgesetzt wurde, sondern die sich durch die Summe
der ausdifferenzierten Einzelpunkte der Aufgaben ergibt (vgl. Abschnitt 5.2.3).
Der Mittelwert der Punktzahl der Lernstandserhebung der 95 Teilnehmer beträgt
20,3 Punkte mit einer Standardabweichung von 7,1, was einen prozentualen Mittelwert 40,6 % ergibt. Das beste Ergebnis umfasst 76 %, das schlechteste 5 %
der möglichen Punkte. Das spiegelt sich auch in den vergebenen Noten wider.
Die meistvorgekommene Note bei einer Teilnehmerzahl von 95 Personen ist eine
5 + , welche 20 Teilnehmer erhalten. Die Note 2, welche auch gleichzeitig die
beste Note darstellt, sowie die Note 2- erreicht jeweils ein Studierender, während
insgesamt vier Personen die Note 6 erhalten (Abbildung 6.1).

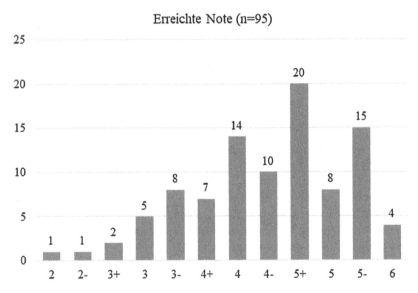

Abbildung 6.1 Erreichte Note in der Lernstandserhebung

6.1.2 Mittelwerte der Aufgaben

In der ersten Aufgabe, in der die Zahlenbereiche abgeprüft werden, stellt sich heraus, dass diese im Vergleich zum Gesamtergebnis überdurchschnittlich gut ausfällt. Betrachtet man die einzelnen Zahlenbereiche fällt auf, dass die Teilaufgaben (a) und (d), also die Benennung der natürlichen sowie der reellen Zahlen, nahezu alle Teilnehmer mit einer Erfolgsquote zwischen 78 % und 82 % richtig beantworten. Die Teilaufgabe der komplexen Zahlen wird nur von knapp der Hälfte der Studierenden bearbeitet, worauf unter Abschnitt 6.1.3.1 explizit eingegangen wird. Von denjenigen, die diese Aufgabe bearbeiten, beantworten sie jedoch etwa drei von vier Studierenden richtig. Eine Erfolgsquote von 77 % gibt es bei der zweiten Aufgabe, was einen noch größeren positiven Abstand zum Mittelwert als Aufgabe 1 darstellt. Anders spiegelt sich die Situation in Aufgabe 3 wider. Dabei zeigt sich, dass Grundkenntnisse der Logik seitens der Studierenden nicht umfassend vertreten sind. Nur 36 % von denjenigen, die die Aufgabe bearbeiten, erkennen die dargestellte Implikation des richtigerweise anzugebenden Gleichheitszeichens und geben die richtige Lösung an. Abbildung 6.2 weist auf fehlendes Verständnis bzw. Kenntnisse hin.

Lösung zu Aufgabe 3:

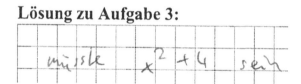

Abbildung 6.2 Aufgabe 3 – Antwort eines Studierenden

Dramatischer stellt sich die Auswertung der Bestimmung der Lösungsmenge einer Ungleichung dar. 13 % der Bearbeitungen sind korrekt, was deutlich unterdurchschnittlich in Bezug zum Mittelwert ist. Alleine der Ausschluss von x gleich Eins ist nur sehr selten vertreten und wird von den Studierenden nicht berücksichtigt. Der Kommentar eines Studierenden auf dem abgegebenen Lösungsblatt lautet unter anderem: „Was ist eine Ungleichung?" (Abbildung 6.3).

Lösung zu Aufgabe 4:

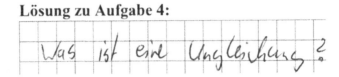

Abbildung 6.3 Aufgabe 4 – Antwort eines Studierenden

Ein ebenso unterdurchschnittliches Ergebnis ergibt sich in der Auswertung von Aufgabe 5. Nahezu alle Teilnehmer bearbeiten die Aufgabe, jedoch gelingt die korrekte Anwendung der p/q-Formel nur 40 % der Studierenden, was sich nicht nur bei diesem Aufgabenteil auf mangelnde Kenntnisse der Mathematik aus der Sekundarstufe I zurückführen lässt. Die Wichtigkeit dieser Kenntnisse auch in Bezug zur Klausur wird unter Abschnitt 6.2.2.2 aufgezeigt. Während nur 25 % den zweiten Aufgabenteil richtig lösen ist besonders auffällig, dass diese Teilaufgabe nur 8 von 95 Personen bearbeiten. Der Wert ist sehr niedrig, was darauf zurückgeführt werden kann, dass das Verfahren der Quadratischen Ergänzung für die Lösung von Quadratischen Gleichungen nicht in ausreichendem Umfang angewendet wird. Der abgebildete Kommentar eines Studierenden spiegelt wider, dass dieses Verfahren in der Schulzeit kaum bzw. nur über einen kurzen Zeitraum Unterrichtsgegenstand war (Abbildung 6.4).

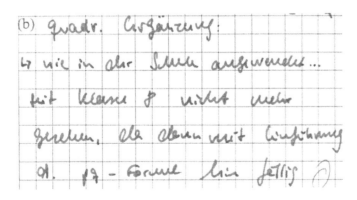

Abbildung 6.4 Aufgabe 5 – Antwort eines Studierenden

Ähnliche Kommentare bestätigen diesen Eindruck: „Habe ich nie benutzt", „keine Kenntnisse der q. E.", „Wurde mal unterrichtet, aber vergessen…", „Kenne keine quadratische Ergänzung". Hingegen gibt es mit der p/q-Formel ein Schema, was mit wenig Denkarbeit durchgeführt werden kann. So könnte auch erklärt werden, dass ein großer Anteil der Studierenden die angegebene zu lösende Quadratische Gleichung nicht in die Ausgangsform bringt, sodass der Faktor vor x zum Quadrat gleich Eins und die rechte Seite der Gleichung gleich Null ist. Aufgabe 6 besteht darin, eine mit Brüchen enthaltene Formel nach einer gewählten Variablen umzustellen. Ähnlich wie bei der Aufgabe zum Lösen der Quadratischen Gleichung gibt es auch hier eine erstaunlich niedrige Quote an Richtiglösungen. Diese Aufgabe bearbeiten nahezu alle der 95 Teilnehmer und erreichen eine Lösungsquote von 32 %. Das Ergebnis bestätigt ebenfalls den oben aufgeführten Sachverhalt über das Fehlen von Kenntnissen der Mittelstufenmathematik. Durch eine Ungenauigkeit in der Formulierung der Aufgabenstellung erzielen deutlich mehr Studierende ein richtiges Ergebnis. Die unpräzise Formulierung besteht darin, dass es das Ziel war, ein Ergebnis ohne Doppelbrüche vorzufinden. Einige berechnen direkt den Kehrwert und geben das Ergebnis mit Doppelbrüchen an. Wenn die Formulierung getroffen worden wäre, dass sie das Ergebnis ohne Doppelbrüche angeben sollen, wäre die Lösungsquote vermutlich deutlich geringer ausgefallen. Eine Ursache für die Falschlösung, dass Studierende unmittelbar den Kehrwert aufschreiben liegt unter anderem darin, dass sie auf beiden Seiten der Gleichung nicht Eins geteilt durch die jeweiligen Ausdrücke berechnen, sondern dass sie durch Eins teilen und dies als richtiges Ergebnis ausgeben. Ein weiterer Aspekt hinsichtlich dieser Aufgabe befindet sich in Abschnitt 6.1.3.2 (Abbildung 6.5).

Lösung zu Aufgabe 6:

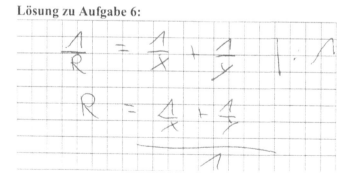

Abbildung 6.5 Aufgabe 6 – Antwort eines Studierenden

Innerhalb von Aufgabe 7 wurde der Umgang mit verketteten Funktionen geprüft. In Teil (a) der Aufgabe werden überdurchschnittlich gute Ergebnisse erzielt. Die Aufgabe wird von 81 Studierenden bearbeitet und darunter lösen 67 % diesen Aufgabenteil richtig. Anders dagegen ist die Lösungsquote in Aufgabenteil (b). Hier liegt die Quote des Richtiglösens bei 50 %. Die Abnahme der richtigen Lösungen von Aufgabenteil (a) zu (b) könnte den fehlenden Punkten aus dem entstehenden Betrag durch die Wurzel aus x zum Quadrat geschuldet sein, was hier mit einer Lösung von Studierenden untermauert wird (Abbildung 6.6).

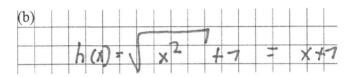

Abbildung 6.6 Aufgabe 7 – Antwort eines Studierenden

Aufgabe 8 besteht aus der Berechnung eines Mittelpunktwinkels, den die Studierenden in großem Maße (77 %) richtig angeben. Wie auch in der Studie von Weinhold, nehmen teilweise auch hier die Studierenden für 30 % den Bruch $^1/_3$ und für einen Kreis den Winkel von 365° an.

Lösung zu Aufgabe 8:

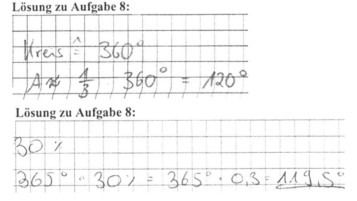

Lösung zu Aufgabe 8:

Abbildung 6.7 Aufgabe 8 – Antworten von Studierenden

Auch hier weisen Personen mit ihren notierten Kommentaren auf fehlende Behandlung im Unterricht hin: „Mittelpunktwinkel noch nie besprochen...". Wenn der Fall eintritt, dass der Begriff des Mittepunktwinkels aus der vorherigen Schullaufbahn noch nicht explizit bekannt ist, lässt sich dieser erschließen. Die Möglichkeiten, die sich in Bezug zu Winkeln hinsichtlich des Mittelpunktes ergeben, sind bei einem Kreis beschränkt. Die Berechnung von Flächeninhalten am Dreieck ist Thema der Aufgabe 9. Durch Verlängerung der einen und Verkürzung der anderen Kathete sollte die Veränderung des Flächeninhalts diskutiert werden. 20 % der Studierenden bearbeiten diese Aufgabe nicht, 34 % von denen, die sie bearbeiten, lösen die Aufgabe richtig, was tendenziell ein niedriger Wert ist. Die beiden letzten Aufgaben befassen sich mit geometrischen Figuren, wodurch sich auch die Art der beiden Aufgaben vergleichen lässt. Bei dieser Aufgabe kann jedoch nur ca. $1/3$ der Studierenden die richtige Lösung berechnen, was auf den fehlenden Term zurückgeführt werden könnte, der zunächst von den Studierenden erstellt werden muss. Einige vermuten, ohne eine Rechnung aufgestellt zu haben: „Der Flächeninhalt ändert sich nicht". Eine Anwendungsaufgabe aus der Physik wird in Aufgabe 10 gestellt. Sie bereitet den Studierenden nach deren Lösungen zu urteilen weniger Probleme. Hier schneiden sie überdurchschnittlich gut ab. 58 % der Bearbeitungen sind korrekt gelöst. In Aufgabe 11 zur Trigonometrie erzielen die Studierenden wiederum deutlich schlechtere Ergebnisse. Bloß 64 der 95 Studierenden bearbeiten die Aufgabe. Darunter gibt es nur eine sehr geringe Anzahl an Richtiglösungen, die sich auf 20 % beläuft. Wie unter Abschnitt 5.2.2 geschrieben, benötigen die Studierenden für diese Aufgabe einige Kompetenzen. In der ersten Aufgabe zur Oberstufenmathematik werden Grundkenntnisse zur Differenzialrechnung abgefragt. Bezüglich der Bearbeitung der drei Aufgabenteile zeigt sich eine lineare Abnahme (Abbildung 6.8).

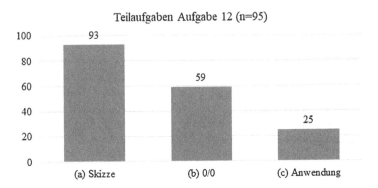

Abbildung 6.8   Aufgabe 12 – Anzahl bearbeiteter Teilaufgaben

    Während die Skizze bis auf zwei Personen noch alle bearbeiten, nennen in Teilaufgabe (c) nur noch 25 Personen einen zugehörigen Aspekt der Differenzialrechnung und ergänzen damit die Skizze. Auch die Richtiglösungen weisen nahezu von (a) zu (c) eine lineare Reduktion auf. Die folgenden Werte beziehen sich allesamt nur auf Teilnehmer, die die jeweiligen Aufgabenteile bearbeiten. Während 89 % die Funktion richtig skizzieren, können den Ausdruck Null durch Null nur 64 % richtig interpretieren und erläutern, dass dieser Quotient nicht definiert ist. Unter den falschen Lösungen lassen sich häufig Lösungen wie in Abbildung 6.9 wiederfinden.

Abbildung 6.9   Aufgabe 12 (b) – Antwort eines Studierenden

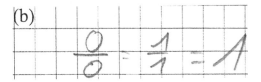

    Des Weiteren antworten die Studierenden wie folgt: „Man will nichts und man kann nichts haben = 0", „Etwas geteilt durch 0 ergibt 0, etwas geteilt durch sich selbst ergibt 1, 0/0 = 1". Nur noch 37 % können eine richtige Anwendung des genannten Ausdrucks angeben und den Sachverhalt in der Skizze nachtragen. In Teil (a) tragen gerade diejenigen, die diesen Teil falsch haben, eine Lineare Funktion in das Koordinatensystem ein. In Aufgabe 13 zur Vektorrechnung gibt es hinsichtlich der beiden Aufgabenteile heterogene Ergebnisse. Teil (a) wird nahezu von allen Studierenden überdurchschnittlich gut bearbeitet. 82 % derer lösen die Aufgabe richtig. Anders als Teil (a) bearbeiten 16 Personen Teil (b) nicht. Deutlich weniger als die Hälfte der Richtiglösungen aus Teil (a) sind mit nur 30 % in Teil (b) vertreten. Auf diesen Wert und deren Interpretation wird in Abschnitt 6.1.3.2 eingegangen. Wenn auch selten vorhanden, treten in Teil (a) Lösungen auf, die bei der Addition zweier Vektoren eine skalare Größe liefern, in Teil (b) hingegen multiplizieren die Studierenden teils die einzelnen Einträge der Vektoren komponentenweise und schreiben sie in einen neuen Vektor (Abbildung 6.10).

Abbildung 6.10 Aufgabe 13 – Antwort eines Studierenden

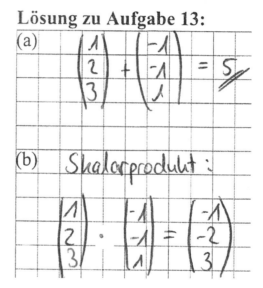

In der letzten Aufgabe findet die Stochastik für die Berechnung von Möglichkeiten sowie einer Wahrscheinlichkeit Anwendung. Die Bearbeitungsquoten sind für alle drei Teilaufgaben verhältnismäßig hoch. Die kleinste Anzahl an Bearbeitungen ist in Aufgabenteil (c) mit 75 Teilnehmern zu finden. Die Lösungsquote in Teil (a) ist nahezu 100 %, was mit der durchaus leichten Zuordnungsaufgabe begründet werden kann. Die fehlenden 2 % werden der Kategorie der Flüchtigkeitsfehler der Studierenden zugeordnet. Die mit Abstand geringsten Quoten erzielen die Studierenden in Teil (b), in der sie die Anzahl der Möglichkeiten ausrechnen sollen. Diese unterdurchschnittliche Quote wird auf die sehr offene Aufgabenstellung und die vielen Modellmöglichkeiten zurückgeführt. Die Wahrscheinlichkeit in (c) berechnen wiederum 61 % richtig. Diese Quote könnte einerseits so hoch sein, da die Studierenden für die richtige Lösung ausschließlich durch das aus (b) berechnete Ergebnis teilen müssen und andererseits innerhalb der Bepunktung Folgefehler berücksichtigt werden, sodass falsch berechnete Ergebnisse in (b) bei richtiger Rechnung in (c) keinen Einfluss haben.

6.1.3 Ermittelte Zusammenhänge verschiedener Parameter

In diesem Abschnitt werden Vergleiche zwischen den erhobenen persönlichen und schulischen Daten im Hinblick auf die Auswertung der Lernstandserhebung der Stichprobe sowie die durch diese Studie ermittelten zusammenhängenden aber auch gegensätzlichen Parameter herausgestellt. Ferner wird sich auf weitere Studien, die unter Abschnitt 3.3.3 aufgezeigt wurden, bezogen und Vergleiche mit der hier durchgeführten Studie angestellt.

6.1.3.1 Resultate dieser Studie in Bezug zur Lernstandserhebung

Von insgesamt zehn Items des Fragebogens gibt es sechs nennenswerte Zusammenhänge in Bezug zu der Summe der Punkte aus der Lernstandserhebung. Um eine Aussagekraft über die Schulform zu erhalten, muss eine kleine Änderung vorgenommen werden. Die Gesamtheit der Studierenden kam über das Gymnasium, die Gesamtschule oder das Berufskolleg zur Hochschule. Zwischen allen drei Institutionen können keine direkten Zusammenhänge in Form von Korrelationen berechnet werden. Daher wird jeweils eine der Schulformen mit den jeweils anderen beiden geprüft, die für die Korrelationsuntersuchung zusammengefasst werden. In einer dieser Untersuchungen, in der das Gymnasium einzeln betrachtet wird und die Gesamtschule sowie das Berufskolleg zusammengefasst werden stellt sich heraus, dass diejenigen, die sich über das Gymnasium für die Hochschule qualifizierten, besser abschneiden als diejenigen, die von den anderen beiden Schulformen kamen ($r = 0{,}224$, $p = 0{,}031$). An die Schulform knüpft auch die zweite Feststellung an. 95 % der Studienanfänger besuchen die Hochschule mit einer allgemeinen Hochschulreife. Auch diesbezüglich stellt sich ein Zusammenhang heraus, da die Studierenden mit Abitur in der Lernstandserhebung besser als diejenigen abschneiden, die mit dem Fachabitur zur Hochschule kamen ($r = -0{,}233$, $p = 0{,}025$). In diesem Zusammenhang ergibt sich eine Störgröße, dass für die Teilnehmer, die mit dem Fachabitur zur Hochschule kamen, ein besuchter Grundkurs angenommen wird, auch wenn sie eine Teilnahme am Leistungskurs verzeichneten, was jedoch nicht möglich ist. Untersucht man den Faktor eines besuchten Leistungskurses in Bezug zur erreichten Punktzahl in der

Lernstandserhebung so stellt sich heraus, dass der Besuch eines Leistungskurses mit 0,306 und einer Irrtumswahrscheinlichkeit von 0,003 korreliert. Die Studierenden, die einen Leistungskurs besuchten, waren leistungsmäßig demnach umso besser in der Erhebung. Einen erheblichen Einfluss auf die Punktzahl im Test nimmt eine gute bis sehr gute Durchschnittsnote im Abitur bzw. Fachabitur. Dabei stellt sich eine statistisch signifikante Korrelation von einem Korrelationskoeffizienten von r = −0,436 und p = 0,000 heraus. Diese Werte zeigen: Je besser die Durchschnittsnote der besuchten Schulform ist, umso höher zeigt sich das Eingangswissen. Das deutet darauf hin, dass gute Noten, die von einem inhaltlichen Verständnis zeugen, eine gute Basis für ein anknüpfendes Hochschulstudium im ingenieurwissenschaftlichen Bereich sind. Eine ähnliche Signifikanz ist in der Betrachtung der Mathematiknote zu erwarten, da die Mathematiknote in die Durchschnittsnote einfließt. Dieser Zusammenhang ist durch die Erhebung belegbar. Je besser die Note der Teilnehmer im Fach Mathematik ist, desto mehr Punkte konnten sie im Eingangstest erreichen (r = 0,368, p = 0,000). Keine wesentlichen Einflüsse auf den Erfolg in der Eingangsphase des Studiums besteht hingegen in der Selbsteinschätzung der Studierenden hinsichtlich ihrer mathematischen Kenntnisse. Dennoch zeigt sich interessanterweise, dass die Studierenden der Stichprobe eine sehr hohe Selbsteinschätzung zumindest in Bezug zu deren mathematischen Kenntnissen haben, was der Korrelationskoeffizient von −0,428 und die Fehlerwahrscheinlichkeit von 0,000 widerspiegelt.

Tabelle 6.1 Korrelationstabelle Fragebogen – Lernstandserhebung

Korrelationen		SPL
Alter	Korrelation nach Pearson	−,037
	Signifikanz (2-seitig)	0,719
	n	95
Erststudium	Korrelation nach Pearson	−,155
	Signifikanz (2-seitig)	,133
	n	95
Vorkurs	Korrelation nach Pearson	,12
	Signifikanz (2-seitig)	,246
	n	95
Berufsausbildung	Korrelation nach Pearson	,085
	Signifikanz (2-seitig)	,412
	n	95

(Fortsetzung)

Tabelle 6.1   (Fortsetzung)

Korrelationen		SPL
Schulform (Gymnasium)	Korrelation nach Pearson	*,224**
	Signifikanz (2-seitig)	*,031*
	n	*93*
Hochschulzugangsberech-tigung (Abitur)	Korrelation nach Pearson	*–,233**
	Signifikanz (2-seitig)	*,025*
	n	*93*
Leistungskurs	Korrelation nach Pearson	*,306***
	Signifikanz (2-seitig)	*,003*
	n	*92*
Durchschnittsnote HZB	Korrelation nach Pearson	*–,436***
	Signifikanz (2-seitig)	*,000*
	n	*92*
Note Mathematik	Korrelation nach Pearson	*,368***
	Signifikanz (2-seitig)	*,000*
	n	*90*
Einschätzung mathematische Kenntnisse	Korrelation nach Pearson	*–,428***
	Signifikanz (2-seitig)	*,000*
	n	*93*

* Die Korrelation ist auf dem Niveau von 0,05 (2-seitig) signifikant
** Die Korrelation ist auf dem Niveau von 0,01 (2-seitig) signifikant.
SPL: Summe Punkte Lernstandserhebung

Fortgefahren wird mit der Untersuchung der Aufgabe 1 im Hinblick auf Aufgabenteil (e). Die Überlegung des Autors, warum die komplexen Zahlen eingebracht werden, liegt in der Wichtigkeit derer für Elektrotechnik Studierende. In nahezu allen Fachvorlesungen spielen komplexe Zahlen eine erhebliche Rolle. Für die Berechnung eines Zusammenhangs werden die Studierenden anderer Studiengänge gleichgesetzt und mit den Elektrotechnik Studierenden verglichen. Dabei zeigt sich kein nennenswerter Zusammenhang zwischen Studierenden der Elektrotechnik und der Richtigkeit von Teil (e), wobei erwähnenswert ist, dass nur diejenigen Berücksichtigung finden, die diese Teilaufgabe bearbeiten. Innerhalb der Betrachtung von Aufgabenteil (e) werden weitere potenzielle Zusammenhänge in Bezug zu Elektrotechnik Studierenden untersucht, die zusätzlich den Vorkurs besuchten und allen Studierenden, die am Vorkurs teilnahmen. Dabei stellt sich heraus, dass keine dieser Untersuchungen auf einen Zusammenhang hinweist. Die Tatsache, dass auch die Studierenden mit einem besuchten Vorkurs das Symbol der komplexen Zahlen nicht kennen ist unverständlich, da sie zugleich einen Inhalt des Vorkurses bilden (vgl. Abschnitt 5.2.2).

6.1.3.2 Vergleiche der Lernstandserhebung mit herangezogenen Studien

Zunächst findet ein Vergleich zwischen den Mittelwerten dieser und Vortests anderer Erhebungen statt. Abel und Weber berichten von einer Studie, die im Rahmen eines Tests seit 20 Jahren das Eingangswissen von Studienanfängern prüft. Dieser wird allerdings in einem Multiple Choice Format gestellt, bei dem bei jeder Antwort eine gewisse Ratewahrscheinlichkeit besteht. Sie stellten fest, dass der Mittelwert des Tests innerhalb von 20 Jahren von 58,7 % auf nunmehr 46,1 % fiel (vgl. Abel/Weber 2014, S. 10). Der Abfall kann aufgrund des Settings der hier einmalig durchgeführten Studie nicht verifiziert werden, dennoch stellt sich in der hier durchgeführten Lernstandserhebung ein prozentualer Mittelwert von 40,6 % heraus, was zunächst einen deutlich geringeren Wert im Vergleich zu Abel und Weber darstellt. Da die Fragen dieser Lernstandserhebung im Gegensatz dazu offen formuliert wurden, könnte der geringere Mittelwert um knapp 6 % damit erklärt werden. Eine weitere These ist, dass sich der Leistungsabfall in den 10 Jahren zwischen der oben genannten Studie und dieser nochmals verstärkt hat. Um den Eindruck zu verifizieren müsste sichergestellt werden, dass sich die in den jeweiligen Erhebungen gestellten Fragen decken, was jedoch, wie bereits erläutert, nicht zutrifft. Auch Greefrath und Hoever führten eine Studie in ähnlicher Form durch und verzeichneten durchschnittliche Lösungsquoten von 40–50 %. Diesen Sachverhalt beschreiben sie als besorgniserregend und begründen ihn aber damit, dass Eingangstests, die über mehrere Jahre durchgeführt wurden, ebenso niedrige Lösungsquoten verzeichneten (vgl. Greefrath/Hoever 2016, S. 528). Henn und Polaczek untersuchten an der Fachhochschule Aachen, ob auf Fachinhalte aus der Schulmathematik verzichtet werden kann und betrachteten in ihrer Studie ausschließlich Inhalte der Sekundarstufe I. Um dies zu untersuchen, formulierten sie die folgende These: „Vorkenntnisse im Fach Mathematik besitzen einen signifikanten Einfluss auf den Studienerfolg in den Ingenieurwissenschaften" (Henn/Polaczek 2008, S. 46). Des Weiteren untersuchten sie, ob ein schlechter Studienstart eine Verzögerung des Studiums zufolge hat. Auf die zuletzt genannte These kann mit diesem Forschungssetting und der zeitlichen Beschränkung keine Aussage getroffen werden. Auf die erstgenannte These wird in zweierlei Hinsicht mittels dieser Studie eingegangen. Zunächst wird ein Vergleich zwischen den Korrelationen der Autoren und den hier berechneten Werten angestellt. Wie auch bei den Autoren waren bei dieser Lernstandserhebung keinerlei Hilfsmittel zugelassen. Ferner wurde auch sie im Anschluss an den Mathematikvorkurs durchgeführt. In der Auswertung dieser Studie zeigt sich, dass sich zwischen der Durchschnittsnote im Schulabschluss zum Ergebnis aus dem Eingangstest ein Korrelationskoeffizient von r = −0,267 und p = 0,000 verzeichnen lässt. Ferner zeigt sich ein ähnliches Bild zwischen der Mathematiknote und dem Eingangstest (r = −0,314, p = 0,000). Die Ergebnisse über etwaige Zusammenhänge sind in den Augen der Autoren deutlich geringer als vermutet (vgl. ebd., S. 47). Durch die hier durchgeführte Studie lassen sich aussagekräftigere Werte verzeichnen. Die Korrelationskoeffizienten liegen im Vergleich des Tests und der Durchschnittsnote aus dem Schulabschluss bei r = −0,436 (p = 0,000) sowie mit der Note aus dem Fach Mathematik bei r = 0,368 (p = 0,000) (vgl. Tabelle 6.1). Da die Stichprobe der Autoren n = 1.320 beträgt, lassen sich die hier entstandenen größeren Koeffizienten ggf. auf die deutlich kleinere Stichprobe zurückführen. Im weiteren Schritt werden mithilfe der gesamten Lernstandserhebung die Richtiglösungen der Aufgaben der Mittelstufenmathematik herausgestellt und diese zusätzlich unter Bezugnahme guter Mathematiknoten untersucht. Betrachtet man die in Abschnitt 2.4 dargestellten fünf Aufgaben der Sekundarstufe I fällt auf, dass nur bei einer Aufgabe (Aufgabe 8) der maximale Prozentsatz von 56 % vorliegt. Der minimale Prozentsatz an Richtiglösungen tritt bei Aufgabe 5 ein und beträgt 2 %, was für eine Aufgabengattung aus der Mittelstufenmathematik besorgniserregend erscheint. Die noch fehlenden drei Aufgaben befinden sich hinsichtlich der Richtiglösungen zwischen den beiden Werten (vgl. Abbildung 6.11).

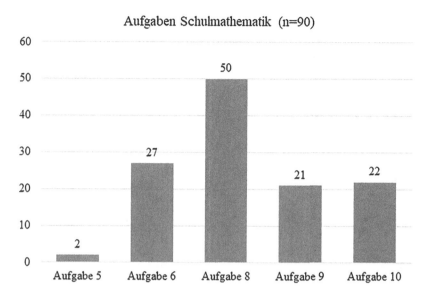

Abbildung 6.11 Aufgaben Mittelstufenmathematik – Anzahl von Richtiglösungen

Henn und Polaczek wiesen zudem nach, dass auch diejenigen, die mit guten bis sehr guten Mathematikkenntnissen zur Hochschule kommen, erhebliche Defizite in der Schulmathematik zeigten (vgl. Henn/Polaczek 2008, S. 47). Abbildung 6.12 bestätigt diesen Sachverhalt auch in dem hier durchgeführten Test. Es liegt ein großer Gestaltungsspielraum vor, wenn gute bis sehr gute Noten definiert werden müssen. Der Autor entschied sich dafür, Studierende mit den Noten besser oder gleich 2 mit in die Untersuchung aufzunehmen, wodurch sich nunmehr eine recht kleine Stichprobe von 37 Teilnehmern ergibt. Mit dieser Untersuchung kann der oben dargestellte Sachverhalt von Henn und Polaczek untermauert werden. Auch bei denjenigen, die mit den genannten Noten zur Hochschule kamen, stellen sich erhebliche Defizite in den Grundlagen der Schulmathematik dar (vgl. Abbildung 6.12).

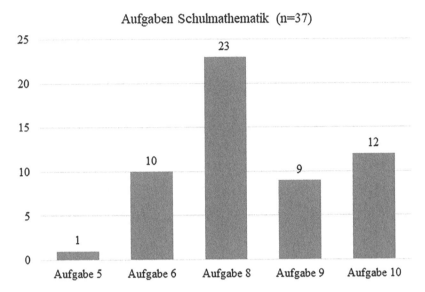

Abbildung 6.12 Aufgaben Mittelstufenmathematik – Anzahl von Richtiglösungen (Teilnehmer mit guten Noten)

Nagel und Reiss untersuchten in ihrer Studie Aufgaben unter anderem zu Vektoren, wobei sie diesbezüglich herausstellten, dass in einem 30-minütigen Test von Teilnehmern mit einer durchschnittlichen Mathematiknote von 1,71 und einer Standardabweichung von 0,557 nur 28 % der Studierenden Eigenschaften angeben konnten (vgl. Nagel/Reiss 2015, S. 653 f.). Der Sachverhalt lässt sich mit der Aufgabe 13 (b) aus dieser Erhebung näherungsweise vergleichen. Die Studierenden wurden gebeten, zwei Möglichkeiten für die Multiplikation von Vektoren anzugeben und folgend auch die Berechnungen durchzuführen. Innerhalb der Stichprobe stellen sich kaum abweichende Ergebnisse zu Nagel und Reiss heraus. 32 % der Teilnehmenden lösen die Aufgabe richtig, wobei hier mit 2,43 und einer Standardabweichung von 0,887 eine deutlich schlechtere Durchschnittsnote aus dem Schulabschluss zu verzeichnen ist, unterdessen der höhere Wert der Streuung möglicherweise auf die deutlich geringere Stichprobe von 74 Teilnehmern zurückzuführen ist, welche bei Nagel und Reiss 438 betrug. Die Studie von Roegner et al. stellt einen Zusammenhang zwischen der Teilnahme am Mathematikvorkurs und den Eingangsparametern Grund- bzw. Leistungskurs

dar. Sie fanden heraus, dass Studierende mit einem vorher besuchten Leistungskurs (62 %) weniger am Vorkurs teilnahmen als diejenigen, die einen Grundkurs
(67 %) besuchten (vgl. Roegner et al. 2014, S. 193). Die Herausstellung hätte
auch bei dieser Studie erwartet werden können, da diejenigen, die einen Grundkurs besuchten, durchschnittlich weniger mathematische Inhalte bearbeiteten als
die mit einem Leistungskurs. Interessanterweise stellen sich hier Ergebnisse heraus, die in Bezug zu den oben genannten Zahlen ein entgegengesetztes Bild
liefern. Die Zahl der Teilnehmer, die eine Angabe zu dem Besuch eines Grund-
bzw. Leistungskurses sowie der Teilnahme am Vorkurs machen, beläuft sich auf
90 Personen. 19 davon besuchten einen Grundkurs, von denen insgesamt 42 %
den Vorkurs besuchten, 71 Personen nahmen am Leistungskurs teil, wobei darunter 56 % den Vorkurs besuchten. Die oben genannten 19 Personen, die einen
Grundkurs besuchten, sind in dieser Erhebung im Vergleich zu den Leistungskursteilnehmern, welche gut dreimal so viele waren, unterrepräsentiert. Abschließend
wird die Aufgabe zur Bruchrechnung im Vergleich zu Abel und Weber dargestellt.
Sie konnten in einer Studie unter anderem nachweisen, dass 31 % von 504 Teilnehmern in einem Vortest ohne zugelassene Hilfsmittel die Gleichung $1/(a\text{-}b) =$
$1/a\text{--}1/b$ für richtig hielten (vgl. Abel/Weber 2014, S. 10). In dieser Lernstandserhebung wird eine ähnliche Aufgabe (Aufgabe 6) gestellt, in der äquivalente Fehler
entstehen. Einen nahezu identischen Wert liefert die Auswertung zu der Aufgabe.
Die Aufgabenstellung ist jedoch offen gestellt und nicht im Multiple-Choice-
Design geschlossen formuliert. Aus diesem Grund muss der Vergleich invers
betrachtet werden, da hier nicht die richtigen, sondern die falschen Lösungen
betrachtet werden und dabei zeigt sich, dass 68 % die Aufgabe falsch lösen.

6.2 Auswertung der Klausur

In diesem Abschnitt wird mit der Ergebnisdarstellung der Klausur begonnen,
bevor der Einfluss verschiedener Faktoren in Bezug zur Erfolgsquote der Klausur
gesetzt wird. Auch hier werden Gemeinsamkeiten und Unterschiede von Studien
anderer Hochschulen mit der hier durchgeführten Studie herausgestellt. Konkrete
Aufgaben der Klausur werden in dieser Arbeit nicht aufgezeigt.

6.2.1 Ergebnisdarstellung

Im Folgenden wird der Notenspiegel der Klausur aufgezeigt, wobei dieser differenziert aufgestellt wird. Begonnen wird mit der Gesamtheit der Teilnehmer der

Klausur, bevor die explizite Stichprobe betrachtet wird, die über die Kennung zu dieser Erhebung zugeordnet werden kann.

6.2.1.1 Alle Teilnehmer

Betrachtet man die Gesamtheit aller, die an der Klausur teilnahmen, so lassen sich 130 Studierende verzeichnen. Die Klausur zur Lehrveranstaltung Höhere Mathematik I im Wintersemester 20/21 fiel mit einem Durchschnitt von 2,18 und einer Standardabweichung von 1,119 überdurchschnittlich gut aus, wobei für diese Auswertung ausschließlich ganze Noten und keine Notenstufen darstellt werden. Einfluss kann das Klausurformat nehmen, da die Klausur als Online-Klausur stattfand und etwaige Hilfsmittel nicht kontrolliert werden konnten. Die Noten 1 und 2 sind mit 41 bzw. 48 Studierenden in hohem Maße vertreten, wohingegen nur sechs der Teilnehmer die Note 5 erreichen, wodurch für die Klausur lediglich eine Durchfallquote von 5 % zu dokumentieren ist (Abbildung 6.13).

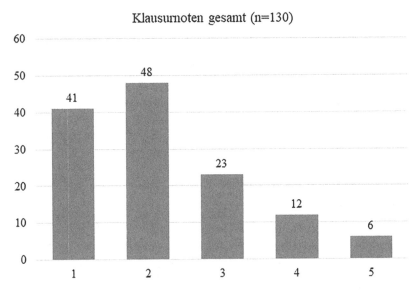

Abbildung 6.13 Klausurnoten – Alle Studierenden

6.2.1.2 Teilnehmer dieser Lernstandserhebung

Wenn ausschließlich die Teilnehmer einbezogen werden, die über die Kennung der Lernstandserhebung und der Klausur eindeutig zugeordnet werden können, liegt die Anzahl bei 68 Personen, die auch in weiteren Vergleichen Verwendung findet. In dieser Auswertung fließen auch zur Verfügung gestellte Notenstufen mit ein. Unterdessen lässt sich eine durchschnittliche Note von 2,07 dokumentieren, wobei die Standardabweichung 0,985 beträgt. In dieser Stichprobe lassen sich 17 Teilnehmer mit einer Note von 1,0 festhalten, der zweithäufigste Wert ist bei der Note 2,3 mit 12 Teilnehmern zu verzeichnen. Lediglich eine Person ist mit der Note 5 durchgefallen (Abbildung 6.14).

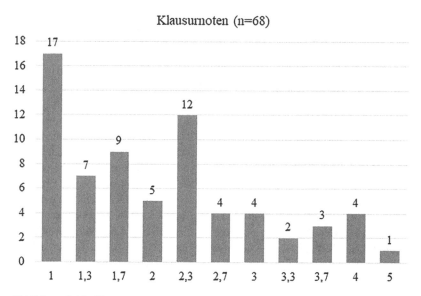

Abbildung 6.14 Klausurnoten – Teilnehmer Lernstandserhebung

6.2.2 Ermittelte Zusammenhänge verschiedener Parameter

In diesem Abschnitt werden Vergleiche zwischen den persönlichen und schulischen Parametern sowie der Auswertung der Klausur aufgezeigt. Des Weiteren wird ein Zusammenhang von der mathematischen Lernstandserhebung zu Semesterbeginn des Studiums und der Klausur nach dem ersten Semester dargestellt.

6.2.2.1 Resultate dieser Studie in Bezug zur Klausur

Für die Darstellung der folgenden Zusammenhänge fließen maximal 68 Studierende ein, da sie die Kennung auf dem Klausurbogen aufschrieben. Wie auch schon unter Abschnitt 6.1.3, werden die Parameter aus dem Fragebogen zu persönlichen und schulischen Angaben herangezogen. Die ersten vier Faktoren Alter, Erststudium, Vorkursteilnahme und Abschluss einer Berufsausbildung führen auch in Kombination mit der Klausur zu keinem Zusammenhang. Zwei Parameter, die bei dem Vergleich der Angaben aus dem Fragebogen und den Ergebnissen der Lernstandserhebung eine Rolle spielen, sind in den hier untersuchten Items in den Hintergrund geraten und stellen keine Signifikanzen mehr dar. Dazu zählen die Durchschnittsnote der Hochschulzugangsberechtigung sowie die Selbsteinschätzung mathematischer Kenntnisse. Hinsichtlich der schulischen Noten spielt, wenn auch deutlich schwächer als im Vergleich zur Lernstandserhebung zu Semesterbeginn, die Mathematiknote eine Rolle, wobei auch hier der Korrelationskoeffizient um fast 0,1 fällt. Auch der Prozentsatz der Irrtumswahrscheinlichkeit steigt, was zusätzlich den linearen Zusammenhang über den Korrelationskoeffizienten abschwächt. Es ergibt sich eine Gemeinsamkeit bei der Betrachtung der Items „Durchschnittsnote", „Mathematiknote" und „Einschätzung der Mathematikkenntnisse". Interessant ist, dass zwei dieser Faktoren im Hinblick auf die Klausur keine Rolle mehr spielen, wobei sie bei der Lernstandserhebung eingangs des Semesters noch statistisch signifikant korrelierten. Lediglich die Mathematiknote spiegelt noch einen Zusammenhang zur Klausurnote wider. Vergleicht man die Aufgaben der Lernstandserhebung mit denen der Klausur, so lassen sich nur geringfügige Gemeinsamkeiten feststellen. Während die Lernstandserhebung bis auf die begründete Ausnahme (Aufgabe 1 (e)) ausschließlich Aufgaben zur Schulmathematik enthält, ist der Inhalt der Klausur auf die universitäre Mathematik ausgelegt. In diesem Zusammenhang wurde unter Abschnitt 3.2.2 der nicht immer fließende Übergang von der Schule zur Hochschule beschrieben. Einige Aspekte, wie beispielsweise die formalen und axiomatischen Darstellungsweisen und das damit einhergehende Verschwinden von anschauungsgebundenen Objekten, wurden dort hervorgehoben, bei denen eine Vermutung darin besteht, dass dies ein Grund für die mögliche Auflösung von denselben Zusammenhängen zwischen Vergleichen mit der Lernstandserhebung und der Klausur zu sein scheint. Nach wie vor nimmt die Hochschulzugangsberechtigung einen großen Stellenwert ein, wobei der Koeffizient des Zusammenhangs leicht steigt. Auch die Teilnehmer eines Leistungskurses stellen einen deutlicheren Zusammenhang zu dem Erfolg in der Klausur als zur Summe der Punkte in der Lernstandserhebung dar. Dieser Sachverhalt könnte sich über ein größeres Interesse und eine höhere Motivation von Leistungskursteilnehmern zum Fach Mathematik begründen lassen. Um dies nachzuweisen, bedarf es allerdings weiterer Untersuchungen, die keinen Teil dieser Arbeit darstellen. Mit Abstand stellt sich die Schulform Gymnasium zum Erwerb der Hochschulzugangsberechtigung als wichtig dar. Der Korrelationskoeffizient steigt im Vergleich zur Lernstandserhebung um mehr als 0,2, wohingegen sich die Fehlerwahrscheinlichkeit nochmals stark reduziert. Nach dieser Untersuchung scheint die Schulform des Gymnasiums in Bezug zum Leistungsvermögen deutlich vor dem Berufskolleg und der Gesamtschule zu liegen und ein Besuch dessen einen erheblichen Einfluss auf die Klausur zur Höheren Mathematik I zu haben (Tabelle 6.2).

Tabelle 6.2 Korrelationstabelle Fragebogen – Klausurnote

Korrelation		Klausurnote
Alter	Korrelation nach Pearson Signifikanz (2-seitig) n	,082 ,506 68
Erststudium	Korrelation nach Pearson Signifikanz (2-seitig) n	,095 ,44 68
Vorkurs	Korrelation nach Pearson Signifikanz (2-seitig) n	−,005 ,971 68
Berufsausbildung	Korrelation nach Pearson Signifikanz (2-seitig) n	,099 ,42 68
Schulform (Gymnasium)	Korrelation nach Pearson Signifikanz (2-seitig) n	*−,451*** *,000* *66*
Hochschulzugangsberechtigung (Abitur)	Korrelation nach Pearson Signifikanz (2-seitig) n	*,276** *,025* *66*

(Fortsetzung)

Tabelle 6.2 (Fortsetzung)

Korrelation		Klausurnote
Leistungskurs	Korrelation nach Pearson Signifikanz (2-seitig) n	*-,397*** *,001* *65*
Durchschnittsnote HZB	Korrelation nach Pearson Signifikanz (2-seitig) n	,121 ,337 65
Note Mathematik	Korrelation nach Pearson Signifikanz (2-seitig) n	*–,279** *,025* *64*
Einschätzung mathematische Kenntnisse	Korrelation nach Pearson Signifikanz (2-seitig) n	,169 ,176 66

* Die Korrelation ist auf dem Niveau von 0,05 (2-seitig) signifikant
** Die Korrelation ist auf dem Niveau von 0,01 (2-seitig) signifikant.

6.2.2.2 Vergleiche der Klausur mit herangezogenen Studien

In diesem Abschnitt werden Zusammenhänge zwischen dem Einfluss von Parametern auf die Erfolgsquote in der Klausur mit anderen Studien abgeglichen (vgl. Abschnitt 3.3.3). In der Studie von Greefrath und Hoever zur Überprüfung eines Zusammenhangs zwischen dem Absolvieren einer Berufsausbildung vor Studienbeginn und der Lernstandserhebung zeigt sich, dass eine Berufsausbildung keinen Einfluss auf den Vortest hat. Die These wird auch in Zusammenhang mit dieser Erhebung geprüft und der Aspekt bestätigt. Obwohl die Untersuchung grundsätzlich Teil des Abschnitts 6.1.3.2 ist, wird sie aufgrund weiterer Betrachtungen von Greefrath und Hoever, die gemeinsam in Tabelle 6.3 dargestellt werden, aufgeführt. Ferner stellten die beiden Forscher heraus, dass Studierende der Elektrotechnik im Durchschnitt bessere Mathematikkenntnisse im Vortest zeigen, als übrige Studierende (vgl. Greefrath/Hoever 2016, S. 523). Die hier untersuchte Stichprobe wird auch hinsichtlich der genannten Aspekte geprüft und es kann zwischen Elektrotechnik Studierenden und der Summe der Punkte der Lernstandserhebung sowie aus den Übungsblättern kein signifikanter Zusammenhang ermittelt werden. Ferner wird in Bezug zu Elektrotechnik Studierenden noch ein weiterer Einfluss untersucht und es kann festgestellt werden, dass Elektrotechnik Studierende einen statistisch signifikanten Zusammenhang mit der Klausurnote haben. Dies kann mit einem Korrelationskoeffizienten von r $= -0{,}342$ und einer Irrtumswahrscheinlichkeit von p $= 0{,}004$ nachgewiesen werden. Die Ursache dafür gilt es weiter zu prüfen. Beispielsweise müssten im nächsten Schritt die Übungsblätter der Elektrotechnik Studierenden auf die Anzahl der Bearbeitungen und die Punkte geprüft werden, was aber keinen Teil dieser Arbeit darstellt. Auf die weiteren Aspekte von Tabelle 6.3 wird mittels Tabelle 6.4 Bezug genommen, da sich untenstehende nur zur Signifikanzprüfung mit Studierenden der Elektrotechnik beziehen soll.

Tabelle 6.3 Korrelationstabelle mehrerer Faktoren (Elektrotechnik Studierende)

Korrelation		ES	SPL	SPÜ	KN
ES	Korrelation nach Pearson	1	,166	,159	−,342**
	Signifikanz (2-seitig)		,175	,196	,004
	n		68	68	68
SPL	Korrelation nach Pearson	,166	1	,159	−,426**
	Signifikanz (2-seitig)	,175		,196	,000
	n	68		68	68
SPÜ	Korrelation nach Pearson	,159		1	−,308*
	Signifikanz (2-seitig)	,196			,011
	n	68			68
KN	Korrelation nach Pearson	−,342**	−,426**	−,308*	1
	Signifikanz (2-seitig)	,004	,000	,011	
	n	68	68	68	

* Die Korrelation ist auf dem Niveau von 0,05 (2-seitig) signifikant
** Die Korrelation ist auf dem Niveau von 0,01 (2-seitig) signifikant.
ES: Elektrotechnik Studierende
SPL: Summe Punkte Lernstandserhebung
SPÜ: Summe Punkte Übungsblätter
KN: Klausurnote

Auch im Hinblick auf die Einflüsse der Punktzahlen auf die Klausur können einige Zusammenhänge aufgezeigt sowie auch hier Vergleiche mit anderen Studien hergestellt werden. Abel und Weber beschäftigten sich mit der Korrelation zwischen den Mathematikkenntnissen zu Studienbeginn und dem Studienerfolg, welchen sie als Erfolg in der Mathematikprüfung definierten. Dabei verzeichneten sie Korrelationskoeffizienten zwischen 0,6–0,65, also einen starken Zusammenhang zwischen dem Eingangswissen in Mathematik und der Note der Klausur (vgl. Abel/Weber 2014, S. 14). Ein statistisch signifikanter Zusammenhang kann in der hier durchgeführten Studie bestätigt werden, allerdings fällt er nicht so groß aus. Dieser zeichnet sich durch einen Koeffizienten von -0,426 und einen p von 0,000 aus. Des Weiteren wird zusätzlich der Einfluss der Gesamtpunktzahl der Übungsblätter über das gesamte Semester hinweg mit der Klausur untersucht.

Auch hier zeigt sich, dass sich die regelmäßige Bearbeitung der Übungsblätter im Klausurerfolg widerspiegelt (r = −0,308, p = 0,011). Ferner ergibt sich
ein zu erwartender starker Zusammenhang zwischen der Anzahl der bearbeiteten
Übungsblätter und der Gesamtpunktzahl derer. Griese und Kallweit untersuchten ebenfalls die Relevanz von Hausaufgaben auf den Klausurerfolg und stellten
hinsichtlich der Betrachtung fest, dass der Faktor einen starken positiven Einfluss
auf den Klausurerfolg besitzt, der sich in dieser Untersuchung auch in Tabelle 6.4
widerspiegelt. Als Fazit halten sie fest, dass aufgrund dieses Einflusses in die
semesterbegleitende Bearbeitung der Übungsblätter Mühe und Zeit investiert werden sollte (vgl. Griese/Kallweit 2016, S. 335 f.). Keinen Einfluss auf die Klausur
hat wider Erwarten die Anzahl bearbeiteter Übungsblätter. Der Einfluss wäre zu
vermuten gewesen, da eine regelmäßige Bearbeitung der Übungsblätter auf ein
Maß an Motivation als auch an genutzten Lernsettings hindeutet. Dabei ist zu
erwähnen, dass die Studierenden in Summe mindestens 50 % der Übungspunkte
benötigen, um an der Klausur teilnehmen zu dürfen. Die erforderten Punkte führen automatisch dazu, dass sich die Lernenden mit den Inhalten auseinandersetzen
müssen.

Tabelle 6.4 Korrelationstabelle mehrerer Faktoren

Korrelation		SPL	SPÜ	AbÜ	KN
SPL	Korrelation nach Pearson	1	,131	−,099	*−,426***
	Signifikanz (2-seitig)		,286	,423	*,000*
	n		68	68	*68*
SPÜ	Korrelation nach Pearson	,131	1	*,525***	*−,308**
	Signifikanz (2-seitig)	,286		*,000*	*,011*
	n	68		*68*	*68*
AbÜ	Korrelation nach Pearson	−,099	*,525***	1	−,062
	Signifikanz (2-seitig)	,423	*,000*		,614
	n	68	*68*		68
KN	Korrelation nach Pearson	*−,426***	*−,308**	−,062	1
	Signifikanz (2-seitig)	*,000*	*,011*	,614	
	n	*68*	*68*	68	

* Die Korrelation ist auf dem Niveau von 0,05 (2-seitig) signifikant
** Die Korrelation ist auf dem Niveau von 0,01 (2-seitig) signifikant.
SPL: Summe Punkte Lernstandserhebung
SPÜ: Summe Punkte Übungsblätter
AbÜ: Anzahl bearbeiteter Übungsblätter
KN: Klausurnote

Einige Studien, unter anderem Henn und Polaczek, untersuchten den Zusammenhang zwischen den Kenntnissen der Sekundarstufe I und der Klausurnote der Mathematik im ersten Semester. Sie wiesen nach, dass elementare Mathematik wie der Umgang mit Brüchen oder Geradengleichungen einen erheblichen Einfluss auf die Note der Klausur hat. Zusätzlich untersuchten sie die einzelnen Aufgaben des Stoffs der Sekundarstufe I und stellten dies differenziert durch Korrelationen dar (vgl. Henn/Polaczek 2008, S. 49). Dieser Aspekt ist nur indirekt mit dieser Untersuchung der Daten vergleichbar, da die Aufgabengattungen nicht identisch sind und die konkreten Aufgaben in deren Studie nicht bekannt gegeben werden. Dennoch werden in dieser Studie die einzelnen Aufgaben der genannten Mathematik der Sekundarstufe I untersucht und auf die Klausurnote bezogen. Aufgabe 5 (a), die das Lösen einer Quadratischen Gleichung mithilfe der p/q-Formel umfasst, hat keinen Einfluss auf die Note der Klausur. Aufgabenteil (b) lässt sich aufgrund der wenigen Bearbeitungen nicht vergleichen (vgl. Abschnitt 6.1.2). Die Aufgaben zur Umstellung einer Gleichung sowie die Berechnung des Mittelpunktwinkels (Aufgabe 6, Aufgabe 8) zeigen zwar einen Zusammenhang zur Klausurnote, dieser unterliegt jedoch keinem Signifikanzniveau. Anders dagegen stellt sich der Sachverhalt bei den Aufgaben 9 (Änderung des Flächeninhalts eines Dreiecks) und 10 (Geschwindigkeit als Funktion der Zeit) heraus. Dabei gibt es signifikante Zusammenhänge zur Klausurnote. Das ist damit zu begründen, da die beiden Aufgaben Anwendungsaufgaben sind, in denen die Problematik zunächst verstanden werden muss, bevor es um die Erstellung eines Terms geht, womit sich die Aufgaben lösen lassen.

Tabelle 6.5 Korrelationstabelle Einzelaufgaben Sekundarstufe I – Klausurnote

Korrelation		Klausurnote
Aufgabe 5 (a)	Korrelation nach Pearson Signifikanz (2-seitig) n	–,028 ,82 67
Aufgabe 6	Korrelation nach Pearson Signifikanz (2-seitig) n	–,206 ,095 67
Aufgabe 8	Korrelation nach Pearson Signifikanz (2-seitig) n	–,238 ,069 59

(Fortsetzung)

Tabelle 6.5   (Fortsetzung)

Korrelation		Klausurnote
Aufgabe 9	Korrelation nach Pearson	*–,278**
	Signifikanz (2-seitig)	*,038*
	n	*56*
Aufgabe 10	Korrelation nach Pearson	*-,319***
	Signifikanz (2-seitig)	*,009*
	n	*65*

[*] Die Korrelation ist auf dem Niveau von 0,05 (2-seitig) signifikant
[**] Die Korrelation ist auf dem Niveau von 0,01 (2-seitig) signifikant.

Auch Hoppe et al. erläutern über einen ähnlichen Sachverhalt. Detaillierte Analysen von Klausuren ergaben auch hier, dass die Kenntnisse aus der Sekundarstufe I in Form von Brüchen oder das Lösen von Gleichungen nicht mehr vertreten sind (vgl. Hoppe et al. 2014, S. 166). Weinhold präsentiert Analyseergebnisse aus Klausuren und stellte fest, dass beispielsweise Brüche nicht ordnungsgemäß als Dezimalzahl dargestellt werden und unter anderem $1/3$ als 30 % angenommen wird. Ferner haben Kreise einen Winkel von 365° sowie sich auch mangelnde Kenntnisse der Prozent- und Bruchrechnung aufzeigen oder das Lösen von Ungleichungen ohne Beträge geschieht, wobei das einhergehende Finden von Lösungsintervallen Schwierigkeiten darstellt (vgl. Abbildung 6.7) (vgl. Weinhold 2014, S. 252). Durch die aufgeführten Aspekte wird auch in dieser Studie der Zusammenhang zwischen Mathematikkenntnissen der Sekundarstufe I von allen in Tabelle 6.5 dargestellten Aufgaben und dem Klausurerfolg untersucht. Die Ergebnisse sind erstaunlich. Hinsichtlich der Berechnung des Korrelationskoeffizienten wird darauf hingewiesen, dass sich dieser nicht unmittelbar aus dem arithmetischen Mittel der Koeffizienten aus Tabelle 6.5 berechnen lässt. Mit einen Korrelationskoeffizienten von $r = -0,428$ und einer Irrtumswahrscheinlichkeit von $p = 0,000$ korrelieren die Kenntnisse der Schulmathematik (Sek I) signifikant mit den Ergebnissen der Klausur. Dieser erhebliche Einfluss wurde nicht für wahrscheinlich gehalten. Dies zeigt abermals, dass grundlegende Kenntnisse aus der Mittelstufe eine zentrale Rolle für den Studienerfolg zu Studienbeginn einnehmen. Zuletzt werden Vergleiche zwischen den Aufgaben der Schulmathematik (Sek I) und der Note aus dem Schulabschluss sowie der Note in Mathematik ausgewertet. Dabei zeigen sich auch hier Zusammenhänge. Die Summe der Punkte aus den Aufgaben der Mittelstufe ist einerseits mit der Note aus dem Schulabschluss und andererseits mit der Mathematiknote, allerdings mit schwächeren Korrelationskoeffizienten, verknüpft (vgl. Tabelle 6.6). Des Weiteren stellt sich wie vermutet ein erheblicher Zusammenhang zwischen der Note im Fach Mathematik und der Gesamtnote des Schulabschlusses dar (r = −0,702, p = 0,000).

Tabelle 6.6 Korrelationstabelle Punkte Schulmathematik (Sek I) – Noten Schulabschluss

Korrelation		SPS	DHZB	NM
SPS	Korrelation nach Pearson	1	*−,24**	*,276**
	Signifikanz (2-seitig)		*,027*	*,011*
	n		*85*	*85*
DHZB	Korrelation nach Pearson	*−,24**	1	*−,702***
	Signifikanz (2-seitig)	*,027*		*,000*
	n	*85*		*85*
NM	Korrelation nach Pearson	*,276**	*−,702***	1
	Signifikanz (2-seitig)	*,011*	*,000*	
	n	*85*	*85*	

* Die Korrelation ist auf dem Niveau von 0,05 (2-seitig) signifikant
** Die Korrelation ist auf dem Niveau von 0,01 (2-seitig) signifikant.
SPS: Summe Punkte Schulmathematik (Sek I)
DHZB: Durchschnittsnote Hochschulzugangsberechtigung
NM: Note Mathematik

6.3 Beantwortung der Forschungsfragen

Mithilfe der in Kapitel 4 benutzten Methoden und der Durchführung aus Kapitel 5 bestand das Ziel dieser Masterarbeit darin, eine Antwort auf die beiden Forschungsfragen *„Inwieweit wirken sich Mathematikkenntnisse der Sekundarstufe I auf den Klausurerfolg in HM I aus?"* und *„Welche Zusammenhänge zeigen sich zwischen der schulischen Vorbildung und den Mathematikkenntnissen zu Studienbeginn?"* zu finden. In diesem Abschnitt werden die beiden Fragen beantwortet. Für die Beantwortung der ersten Frage werden die herausgestellten Zusammenhänge in Bezug zu den Bearbeitungsquoten und den Richtiglösungen interpretiert. Die betrachteten und begründet ausgewählten Aufgaben zur Sekundarstufe I sind unter Abschnitt 2.4. wiederzufinden. Die herausgestellten Bearbeitungsquoten sind teilweise erstaunlich gering, die Anzahl der Richtiglösungen bzw. die im Durchschnitt erreichten Punktzahlen lassen zu wünschen übrig. Mit dem hier gewählten Forschungssetting lässt sich die erste Forschungsfrage differenziert beantworten. Wenn man Zusammenhänge der einzelnen Aufgaben zur Klausurnote betrachtet fällt auf, dass die Korrelationskoeffizienten nur auf einen geringen

Zusammenhang hindeuten. Von den insgesamt fünf Aufgaben stehen drei nur in einer schwachen Verbindung zur Klausurnote, wovon bei zweien ein Korrelationskoeffizient von über 0,23 vorliegt. Aufgrund der überdurchschnittlichen Fehlerwahrscheinlichkeit kann man aber nicht von Signifikanz sprechen. Zwei haben dagegen einen Einfluss auf die Klausurnote (vgl. Tabelle 6.5). Bei Interpretation dieser Werte kommt man zu folgendem Schluss, dass die beiden Aufgaben 9 und 10, anders als die anderen drei Aufgaben, mit einem Prozess verknüpft sind, der vor der konkreten Bearbeitung der Aufgaben mit einem gewissen Maß an Problemlösefähigkeit verbunden ist. In beiden Fällen müssen zu Beginn der Bearbeitung Terme aufgestellt werden, die erst eine Lösung der Aufgaben ermöglichen. In Aufgabe 9 besteht dies darin, die Prozentwerte in den zu erstellenden Term einfließen zu lassen und zwar so, dass sich jeweils beide Katheten verändern. In Aufgabe 10 ist es hilfreich, eine Skizze zu zeichnen um festzustellen, dass eine negative Steigung existiert und so die beiden Parameter einer Linearen Funktion zu bestimmen. Betrachtet man die Summe der durchschnittlichen Richtiglösungen in Bezug zur Klausurnote, stellt sich im Hinblick auf die Korrelation ein wertemäßig deutlich höherer Koeffizient dar, wohingegen die Irrtumswahrscheinlichkeit einen extrem geringen Wert einnimmt. Wie beschrieben, kann aufgrund der komplexen Berechnung der Korrelation kein Mittelwert aus den Einzelaufgaben gebildet werden, um so den Gesamtkorrelationskoeffizienten berechnen zu können. Daher ist es legitim, dass dieser höher ausfällt, als der Mittelwert des Korrelationskoeffizienten aller Aufgaben. Aus den Daten kann interpretiert werden, dass es nicht unbedingt und nicht ausschließlich nur eine Aufgabe sein muss, die signifikant mit der Klausurnote korreliert. Vielmehr ist es das inhaltliche Gesamtkonzept der Mathematik der Sekundarstufe I, welches einen großen Einfluss auf den Klausurerfolg in der Höheren Mathematik I nimmt.

Im Folgenden wird zur zweiten Forschungsfrage Bezug genommen. Die Zielsetzung bestand darin, Zusammenhänge zwischen den schulischen Eingangsparametern in Anlehnung an Abschnitt 5.1.2 vor dem Studium sowie der Summe der Punkte aus der Lernstandserhebung zu Semesterbeginn herauszufinden. Im Umkehrschluss bedeutet das, die sechs Items dieses Fragebogens (Frage 5 – Frage 10) unter Bezugnahme oben genannter Summe zu bewerten. Zwischen einem der insgesamt betrachteten sechs Items kann kein nennenswerter Zusammenhang festgestellt werden. Konkret ist dies das vorherige „Absolvieren einer Berufsausbildung". Das stellt allerdings in dieser Studie kein Alleinstellungsmerkmal dar, wie im Vergleich mit anderen Studien aufgezeigt wird. Des Weiteren stellen sich fünf signifikante Korrelationen mit der Summe der Punkte dar. Sie belaufen sich auf die zuvor „besuchte Schulform", die „Art der Hochschulzugangsberechtigung", den Besuch eines „Leistungskurses", die „Note der

Hochschulzugangsberechtigung" und die „Note im Fach Mathematik". Die beiden erstgenannten Items stellen im Vergleich zu den anderen eine tendenziell schwache Korrelation dar. Viel entscheidender sind mit Korrelationskoeffizienten von mindestens 0,3 und Fehlerwahrscheinlichkeiten von kleiner gleich 0,003 die Parameter „Leistungskurs", „Durchschnittsnote der Hochschulzugangsberechtigung" und „Note im Fach Mathematik". Gerade die beiden erhobenen Noten der Schullaufbahn scheinen in Bezug zu den Eingangskenntnissen der Studierenden eine entscheidende Rolle zu spielen. Als Erklärung für diesen starken Zusammenhang wird die These aufgestellt, dass die Noten eine Aussage über das Leistungsverhalten der Studierenden zu Schulzeiten treffen. Daraus folgt, dass die Kenntnisse zu Beginn des Studiums mit durchschnittlich besseren Schulnoten stärker ausgeprägt sind. Daher wird der Schluss in Bezug auf diese Studie gezogen, dass grundsätzlich Mühe und Motivation innerhalb der Schulzeit Voraussetzungen für ein erfolgreiches Studium im ingenieurwissenschaftlichen Bereich sind. Die Erkenntnisse Schülern zu vermitteln könnte zu dem Anreiz führen, dass Kinder und Jugendliche frühzeitig bereits in der Schulzeit einen größeren Einsatz und höhere Anstrengungsbereitschaft für mathematische Inhalte zeigen, da deren Eingangswissen in der Mathematik durchschnittlich deutlich größer ist als bei den anderen Studierenden und sie mithilfe des Wissens einen besseren Einstieg ins Studium erzielen können.

Fazit

Im letzten Kapitel wird die vorliegende Arbeit reflektiert, Schlussfolgerungen dargestellt und abschließend ein Ausblick für weitere wissenschaftliche Untersuchungen und Fragestellungen gegeben.

7.1 Reflexion und Schlussfolgerungen

Bei rückwirkender Betrachtung dieser Untersuchung wird das Setting einer quantitativen Studie als sinnvoll für die Durchführung einer Studie eingeschätzt. Die Vorteile dieser Untersuchung waren der Kontakt mit Menschen, vor allem im Hinblick auf die große Stichprobe, das Entwerfen des Fragebogens und der Lernstandserhebung sowie die eigene Festlegung des Forschungssettings. Somit ist der Prozess von einer gewissen Dynamik geprägt die dazu führt, dass einige Gegebenheiten verändert oder angepasst werden müssen, sodass ein ständiger Optimierungsprozess vorliegt. Dabei fiel die Wichtigkeit der vorangehenden Planung der Durchführung auf. Das Forschungssetting ist in einem ständigen Verbesserungsprozess, um aussagekräftige Ergebnisse zu erzielen. Ein weiterer wichtiger Punkt stellt dar, vor der Planung einer Studie andere Studien zu sichten, sich deren Ergebnisse anzusehen und diese teilweise in Anlehnung daran zu gestalten. Damit entsteht eine bessere Vergleichbarkeit die dazu führt, dass bei deutlich abweichenden Ergebnissen weitere Untersuchungen folgen können, die auch wiederum diese detailliert erforschen und für folgende Jahrgänge weiterentwickelt und optimiert werden können. Des Weiteren könnten in Anlehnung daran ebenso vergleichbare Aufgaben zum Einsatz kommen, damit sich auch Ergebnisse dieser vergleichen lassen und im Hinblick auf die unterschiedliche Bildung der Länder in Form von Optimierungen oder Umgestaltungen reagiert werden kann.

89
J. Plack, *Herausforderung Mathematik im ersten Semester der Ingenieurwissenschaften*, BestMasters, https://doi.org/10.1007/978-3-658-39551-3_7

Ein weiterer reflektorischer Schritt wird aufgezeigt, indem bei weiteren Untersuchungen vor der Durchführung der Studie die zu bearbeitenden Blätter der Studierenden von einer Testgruppe bearbeitet werden sollten. So fallen potentielle Fehler auf, die wiederum für die offizielle Durchführung berichtigt bzw. angepasst werden können. Auch Verständnisschwierigkeiten und Ungenauigkeiten könnten dadurch aufgezeigt und ebenso verbessert werden. Unter Berücksichtigung weiterer Gesichtspunkte wird sich nochmals auf den Vorkurs in Bezug zur Leistungserhebung bezogen. Dabei stellte sich heraus, dass dieser wenig Effizienz bietet. Daher könnte es ein nützliches Hilfsmittel sein, dass sich die Tutoren, die sich am Vorkurs beteiligen, vorher qualifizieren, um möglichst zeitnah nach dessen Beginn Inhalte aufzuspüren, die den Studienanfängern Probleme bereiten, sodass sie gezielt auf die Schwierigkeiten eingehen könnten. Dazu zählt auch aus der Sicht des Autors ein gewisses Maß an Diagnosekompetenz. Die Probleme müssen erst entschlüsselt werden, bevor sie im Vorkurs gezielt aufgegriffen und Aufgaben in diese Richtung bearbeitet werden können. Leider steht jedoch häufig aufgrund des Mangels an Tutorien der quantitative Aspekt, nämlich die Besetzung der Stellen, anstelle der qualitativen Überprüfung im Fokus. Deshalb steht der Faktor der Qualifikation von Tutoren im Diskurs. Allerdings könnte eine verpflichtende Qualifikation zur Folge haben, dass sich keine oder noch weniger Tutoren für diesen Job interessieren und bereiterklären. Ferner kann durch die Studie untermauert werden, dass die Probleme vor allem in Bereichen der Mathematik aus der Sekundarstufe I vorliegen und dort danach gesucht werden sollte, um diese gezielt zu verringern und die Studierenden bei einem möglichst akzeptablen Einstieg ins Studium zu unterstützen.

7.2   Ausblick

Einen ersten Ausblick bezüglich weiterer Forschungsfragen wird in Anlehnung an Breitschuh et al. dargestellt. Da nicht alle Studierenden aus gebildeten Elternhäusern kommen wäre eine Ausdehnung der Untersuchung, nämlich die Wirkung von Studierenden aus bildungsfernen Elternhäusern auf den Studienstart zu untersuchen und dem entgegenwirkend spezielle Fördermaßnahmen zu entwickeln. In diesem Zusammenhang könnten auch als einen weiteren Untersuchungsgegenstand die Studierenden aus bildungsfernen Elternhäusern in Bezug zu Durchfallquoten in der ersten Klausur der Höheren Mathematik I betrachtet werden (vgl. Breitschuh et al. 2017, S. 102). Ein weiterer Ausblick wird aufgezeigt, indem in einer Untersuchung die oben bereits angesprochene individuelle Verschiedenheit und Diversität der breiten Masse von Studierenden näher betrachtet wird. Diese Faktoren belaufen sich unter anderem im Fachinteresse, im Lernstil oder in der Studierfähigkeit. Um den Einfluss dieser Faktoren im Hinblick auf den Studienerfolg zu überprüfen, bedarf es genauer Untersuchungsmethoden (vgl. Bargel 2015, S. 9). Für den Studieneinstieg können laut einschlägiger Literatur Vorkurse eine sehr wesentliche Rolle spielen (vgl. Abschnitt 3.2.3). Um den Effekt eines Vorkurses herauszufinden und ihn ggf. optimieren zu können, können empirische Untersuchungen durch Vor- und Nachtests ein nützliches Mittel darstellen. Krüger-Basener und Rabe stellten damit einen erheblichen Nutzen des Vorkurses fest, da die Vorkursteilnehmer ihre Grundkenntnisse verbesserten. Des Weiteren plädieren sie dafür, keine freiwilligen, sondern mehr oder weniger verpflichtende Vorkurse anzubieten, die durch entsprechend aufgesetzte Anschreiben angekündigt werden sollen (vgl. Krüger-Basener/Rabe 2014, S. 318 f.). In den Augen des Autors könnte die Teilnahme an einem Vorkurs von nahezu allen Studierenden einen großen Nutzen für den Erfolg zu Studienbeginn darstellen und aus diesem Grund die Idee auch tragfähig sein. Ein Fazit aus dieser Studie ist, dass der Vorkurs nahezu keinen Einfluss auf die Lernstandserhebung und die Klausur hat. Die Ergebnisse sind damit begründbar, dass die Studierenden dort nicht abgeholt werden, wo sie stehen, sondern unmittelbar in die universitäre Mathematik eingeführt werden. Der Forschungsgegenstand dieser Arbeit sowie die verwendete Literatur zeigten, dass die Kenntnisse der Mittelstufenmathematik der Schlüssel zum Erfolg sind. Deshalb ist es unerlässlich, eine Art Eingangstest vor dem Vorkurs durchzuführen, in dem sich Probleme aus der Mathematik der Sekundarstufe I herausstellen, um darauf im Rahmen des Vorkurses präzise eingehen zu können. Diese müssten gezielt geübt werden, damit in der anstehenden Vorlesung bzw. den zu bearbeitenden Übungsblättern keine Schwierigkeiten entstehen, die auf fehlende Kenntnisse der Mittelstufenmathematik zurückzuführen sind. Sollte dies doch der Fall sein, wird den Studierenden der Einstieg ins Studium erschwert, wie diese Untersuchung zeigt. Im gesamten Vergleich zu anderen Studien stellte sich hier heraus, dass der Vorkurs tendenziell nicht die gewünschten Effekte hervorbringt, als das an anderen Hochschulen der Fall ist. Allerdings muss betont werden, dass dies in keinem Fall ein Nachweis dafür ist, dass der Vorkurs keinen Effekt hat. Die Untersuchung der Effizienz des Vorkurses war nicht Hauptteil und Forschungsschwerpunkt dieser Arbeit, dafür bedarf es weiterer Forschung und angepassten Forschungssettings. Des Weiteren wurde unter Abschnitt 3.4 über die Rolle von Tutoren geschrieben. Dabei stellte sich als eines der Hauptmerkmale heraus, dass eine Qualifikation von Tutoren für die Qualität und Effizienz von Tutorien eine große Rolle spielt, die im vorherigen Abschnitt kritisch reflektiert wurde. In dieser Studie wurde das quantitative Forschen verfolgt. Ein Zusatz dieser Ergebnisse wäre die Unterstützung durch qualitatives Forschen, was ebenso in weiterführenden Untersuchungen zum Tragen kommen könnte. Des Weiteren könnte diese Form der Forschung wie aber auch das quantitative Forschen verwendet werden, um die Studierenden nicht nur im ersten Semester im Hinblick auf persönliche und schulische Spezifika sowie auf die Mathematikkenntnisse hin zu untersuchen, sondern diese auch in höhere Semester zu begleiten, um dadurch deren Entwicklung zu beobachten, was jedoch einen höheren zeitlichen Aufwand und Bedarf zur Folge hat, als es im Rahmen einer wissenschaftlichen Arbeit innerhalb des Studiums möglich ist.

Literaturverzeichnis

Abel, Heinrich; Weber, Bruno (2014): 28 Jahre Esslinger Modell – Studienanfänger und Mathematik. In: Bausch, Isabell; Biehler, Rolf; Bruder, Regina; Fischer, Pascal Rolf; Hochmuth, Reinhard Karl; Koepf, Wolfram; Schreiber, Stephan; Wassong, Thomas (Hg.): Mathematische Vor- und Brückenkurse. Konzepte, Probleme und Perspektiven. Wiesbaden: Springer Fachmedien (Konzepte und Studien zur Hochschuldidaktik und Lehrerbildung Mathematik), S. 9–20.

Ableitinger, Christoph; Herrmann, Angela (2014): Das Projekt „Mathematik besser verstehen". In: Bausch, Isabell; Biehler, Rolf; Bruder, Regina; Fischer, Pascal Rolf; Hochmuth, Reinhard Karl; Koepf, Wolfram; Schreiber, Stephan; Wassong, Thomas (Hg.): Mathematische Vor- und Brückenkurse. Konzepte, Probleme und Perspektiven. Wiesbaden: Springer Fachmedien (Konzepte und Studien zur Hochschuldidaktik und Lehrerbildung Mathematik), S. 327–342.

Arens, Tilo; Hettlich, Frank; Karpfinger, Christian; Kockelkorn, Ulrich; Lichtenegger, Klaus; Stachel, Hellmuth (2018): Mathematik. 4. Auflage. Berlin: Springer Spektrum (Lehrbuch).

Bargel, Tino (2015): Studieneingangsphase und heterogene Studentenschaft – neue Angebote und ihr Nutzen. Befunde des 12. Studierendensurveys an Universitäten und Fachhochschulen. (Hg.) Arbeitsgruppe Hochschulforschung. Universität Konstanz (Hefte zur Bildungs- und Hochschulforschung, 83). Online verfügbar unter https://www.soziologie.uni-konstanz.de/typo3temp/secure_downloads/101426/0/1a58d768722f3fc3fd0ac2fb2e52bba2d2beb8a6/Eingangsphase_Gesamtdatei_Oktober2015.pdf, zuletzt geprüft am 26.03.2021, 09:07 Uhr.

Baur, Nina; Blasius, Jörg (2014): Methoden der empirischen Sozialforschung. Ein Überblick. In: Baur, Nina; Blasius, Jörg (Hg.): Handbuch Methoden der empirischen Sozialforschung. Wiesbaden: Springer Fachmedien (Handbuch), S. 41–64.

Biehler, Rolf; Bruder, Regina; Hochmuth, Reinhard; Koepf, Wolfgang (2014): Einleitung. In: Bausch, Isabell; Biehler, Rolf; Bruder, Regina; Fischer, Pascal Rolf; Hochmuth, Reinhard Karl; Koepf, Wolfram; Schreiber, Stephan; Wassong, Thomas (Hg.): Mathematische Vor- und Brückenkurse. Konzepte, Probleme und Perspektiven. Wiesbaden: Springer Fachmedien (Konzepte und Studien zur Hochschuldidaktik und Lehrerbildung Mathematik), S. 1–6.

Biehler, Rolf; Hochmuth, Reinhard; Püschl, Juliane; Schreiber, Stephan (2016): Wie geben Tutoren Feedback? Anforderungen an studentische Korrekturen und Weiterbildungsmaßnahmen im LIMA-Projekt. In: Biehler, Rolf; Hochmuth, Reinhard; Hoppenbrock, Axel; Rück, Hans-Georg (Hg.): Lehren und Lernen von Mathematik in der Studieneingangsphase. Herausforderungen und Lösungsansätze. Wiesbaden: Springer Fachmedien (Konzepte und Studien zur Hochschuldidaktik und Lehrerbildung Mathematik), S. 387–404.

Breitschuh, Cornelia; Krauskopf, Karsten; Merkt, Marianne (2017): Angewandte Hochschulforschung am Beispiel der Mathematik in den Ingenieurwissenschaften. In: Merkt, Marianne; Pohlenz, Philipp; Steinhardt, Isabel (Hg.): Reclaiming Quality Development: Forschung über Lehre und Studium als Teil der Qualitätsentwicklung. Zeitschrift für Hochschulentwicklung 12 (3). Online verfügbar unter https://zfhe.at/index.php/zfhe/art icle/download/1059/785.pdf, zuletzt geprüft am 31.03.2021, 13:59 Uhr, S. 93–112.

Büchter, Andreas (2016): Zur Problematik des Übergangs von der Schule in die Hochschule – Diskussion aktueller Herausforderungen und Lösungsansätze für mathematikhaltige Studiengänge. In: Institut für Mathematik und Informatik der pädagogischen Hochschule Heidelberg (Hg.): Beiträge zum Mathematikunterricht 2016. Vorträge auf der 50. Tagung für Didaktik der Mathematik vom 07.03.2016 bis 11.03.2016 in Heidelberg, Bd. 1. 3 Bände. Münster: WTM – Verlag für Wissenschaftliche Texte und Medien, S. 201–204. Online verfügbar unter http://wtm-verlag.de/ebook_download/Bei traege_2016___ISBN9783959870153.pdf, zuletzt geprüft am 05.04.2021, 16:50 Uhr.

Clark, Kathleen; Witzke, Ingo (2016): Der Übergangsproblematik Schule-Hochschule im Fach Mathematik begegnen. Das Kooperationsprojekt „Überpro". In: Institut für Mathematik und Informatik der pädagogischen Hochschule Heidelberg (Hg.): Beiträge zum Mathematikunterricht 2016. Vorträge auf der 50. Tagung für Didaktik der Mathematik vom 07.03.2016 bis 11.03.2016 in Heidelberg, Bd. 2. 3 Bände. Münster: WTM – Verlag für Wissenschaftliche Texte und Medien, S. 1073–1076. Online verfügbar unter http://wtm-verlag.de/ebook_download/Beitraege_2016___ISBN97839598 70153.pdf, zuletzt geprüft am 05.04.2021, 16:51 Uhr.

Cramer, Erhard; Walcher, Sebastian; Wittich, Olaf (2015): Mathematik und die „INT"-Fächer. In: Bauer, Thomas; Koch, Herbert; Prediger, Susanne; Roth, Jürgen (Hg.): Übergänge konstruktiv gestalten. Ansätze für eine zielgruppenspezifische Hochschuldidaktik Mathematik. Wiesbaden: Springer Fachmedien (Konzepte und Studien zur Hochschuldidaktik und Lehrerbildung Mathematik), S. 51–68.

Derboven, Wibke; Winker, Gabriele (2010): Ingenieurwissenschaftliche Studiengänge attraktiver gestalten. Vorschläge für Hochschulen. Berlin: Springer Spektrum.

DMV (2017): Mathematikunterricht und Kompetenzorientierung – ein offener Brief. Online verfügbar unter http://www.tagesspiegel.de/downloads/19549926/2/offener-brief.pdf, zuletzt geprüft am 26.03.2021, 09:34 Uhr.

Greefrath, Gilbert; Hoever, Georg (2016): Was bewirken Mathematik-Vorkurse? Eine Untersuchung zum Studienerfolg nach Vorkursteilnahme an der FH Aachen. In: Biehler, Rolf; Hochmuth, Reinhard; Hoppenbrock, Axel; Rück, Hans-Georg (Hg.): Lehren und Lernen von Mathematik in der Studieneingangsphase. Herausforderungen und Lösungsansätze. Wiesbaden: Springer Fachmedien (Konzepte und Studien zur Hochschuldidaktik und Lehrerbildung Mathematik), S. 517–530.

Griese, Birgit; Kallweit, Michael (2015): Positionierung und Planung im ersten Semester – Weichenstellung durch individuelles Feedback. In: Caluori, Franco; Linneweber-Lammerskitten, Helmut; Streit, Christine (Hg.): Beiträge zum Mathematikunterricht 2015. Vorträge auf der 49. Tagung für Didaktik der Mathematik vom 09.02.2015 bis 13.02.2015 in Basel, Bd. 1. 2 Bände. Münster: WTM – Verlag für Wissenschaftliche Texte und Medien, S. 444–447. Online verfügbar unter http://wtm-verlag.de/ebook_download/Beitraege_2015___ISBN9783959870115.pdf, zuletzt geprüft am 05.04.2021, 17:08 Uhr.

Griese, Birgit; Kallweit, Michael (2016): Lernverhalten und Klausurerfolg in der Ingenieurmathematik – Selbsteinschätzung und Dozentensicht. In: Institut für Mathematik und Informatik der pädagogischen Hochschule Heidelberg (Hg.): Beiträge zum Mathematikunterricht 2016. Vorträge auf der 50. Tagung für Didaktik der Mathematik vom 07.03.2016 bis 11.03.2016 in Heidelberg, Bd. 1. 3 Bände. Münster: WTM – Verlag für Wissenschaftliche Texte und Medien, S. 333–336. Online verfügbar unter http://wtm-verlag.de/ebook_download/Beitraege_2016___ISBN97839598 70153.pdf, zuletzt geprüft am 05.04.2021, 16:50 Uhr.

Grunert, Rainer; Höfer, Thilo; Kammerer, Markus; Kopizenski, Ulrike; Lotter, Constanze; Schatz, Thorsten; Schneider-Kis, Jolan (2014): Mindestanforderungskatalog Mathematik (Version 2.0). Online verfügbar unter https://lehrerfortbildung-bw.de/u_matnatech/mat hematik/bs/bk/cosh/katalog/makv2.pdf, zuletzt geprüft am 26.03.2021, 10:49 Uhr.

Haase, Daniel (2014): Studieren im MINT-Kolleg Baden-Württemberg. In: Bausch, Isabell; Biehler, Rolf; Bruder, Regina; Fischer, Pascal Rolf; Hochmuth, Reinhard Karl; Koepf, Wolfram; Schreiber, Stephan; Wassong, Thomas (Hg.): Mathematische Vor- und Brückenkurse. Konzepte, Probleme und Perspektiven. Wiesbaden: Springer Fachmedien (Konzepte und Studien zur Hochschuldidaktik und Lehrerbildung Mathematik), S. 123–136.

Heimann, Michael; Roegner, Katherine; Seiler, Rudi (2016): Die Mumie im Einsatz: Tutorien lernerzenztiert gestalten. In: Biehler, Rolf; Hochmuth, Reinhard; Hoppenbrock, Axel; Rück, Hans-Georg (Hg.): Lehren und Lernen von Mathematik in der Studieneingangsphase. Herausforderungen und Lösungsansätze. Wiesbaden: Springer Fachmedien (Konzepte und Studien zur Hochschuldidaktik und Lehrerbildung Mathematik), S. 405–422.

Heinze, Aiso; Neumann, Irene; Pigge, Christoph (2016): Mathematische Lernvoraussetzungen für MINT-Studiengänge aus Hochschulsicht – eine Delphi-Studie. In: Institut für Mathematik und Informatik der pädagogischen Hochschule Heidelberg (Hg.): Beiträge zum Mathematikunterricht 2016. Vorträge auf der 50. Tagung für Didaktik der Mathematik vom 07.03.2016 bis 11.03.2016 in Heidelberg, Bd. 3. 3 Bände. Münster: WTM – Verlag für Wissenschaftliche Texte und Medien, S. 1501–1504. Online verfügbar unter http://wtm-verlag.de/ebook_download/Beitraege_2016___ISBN97839598 70153.pdf, zuletzt geprüft am 05.04.2021, 16:52 Uhr.

Henn, Gudrun; Polaczek, Christa (2008): Gute Vorkenntnisse verkürzen die Studienzeit. In: Begabtenförderung Mathematik e.V. (Hg.): Mathematikinformation (49), S. 46–50. Online verfügbar unter http://www.mathematikinformation.info/pdf2/MI49Polaczek.pdf, zuletzt geprüft am 26.03.2021, 13:09 Uhr.

Hilgert, Joachim (2013): Schwierigkeiten beim Übergang von Schule zu Hochschule im zeitlichen Vergleich. In: Biehler, Rolf; Büchler, Bernd; Göller, Robin; Hochmuth, Reinhard; Hoppenbrock, Axel; Schreiber, Stephan; Rück, Hans-Georg (Hg.): Mathematik im Übergang Schule/Hochschule und im ersten Studienjahr. Extended Abstracts zur 2. khdm-Arbeitstagung 20.02 – 23.02.2013. Kassel (khdm-Reports, 13–01), S. 87–88.

Hilgert, Joachim (2016): Schwierigkeiten beim Übergang von Schule zu Hochschule im zeitlichen Vergleich – Ein Blick auf Defizite beim Erwerb von Schlüsselkompetenzen. In: Biehler, Rolf; Hochmuth, Reinhard; Hoppenbrock, Axel; Rück, Hans-Georg (Hg.): Lehren und Lernen von Mathematik in der Studieneingangsphase. Herausforderungen und Lösungsansätze. Wiesbaden: Springer Fachmedien (Konzepte und Studien zur Hochschuldidaktik und Lehrerbildung Mathematik), S. 695–710.

Hoppe, Daniel; Pätzold, Torsten; Reimpell, Monika; Sommer, Adriane (2014): Brückenkurs Mathematik an der FH Südwestfalen in Meschede – Erfahrungsbericht. In: Bausch, Isabell; Biehler, Rolf; Bruder, Regina; Fischer, Pascal Rolf; Hochmuth, Reinhard Karl; Koepf, Wolfram; Schreiber, Stephan; Wassong, Thomas (Hg.): Mathematische Vor- und Brückenkurse. Konzepte, Probleme und Perspektiven. Wiesbaden: Springer Fachmedien (Konzepte und Studien zur Hochschuldidaktik und Lehrerbildung Mathematik), S. 165–180.

Kluge, Valentina (2018): Konzept für ein einsemestriges Orientierungsstudium: Erleichterter Einstieg in das Ingenieurstudium durch intensive Unterstützung im Fach Mathematik an der Hochschule Flensburg. In: Bender, Peter; Wassong, Thomas (Hg.): Beiträge zum Mathematikunterricht 2018. Vorträge zur Mathematikdidaktik und zur Schnittstelle Mathematik/Mathematikdidaktik auf der gemeinsamen Jahrestagung GDM und DMV 2018 (52. Jahrestagung der Gesellschaft für Didaktik der Mathematik), Bd. 2. 4 Bände. Münster: WTM – Verlag für Wissenschaftliche Texte und Medien, S. 999–1002. Online verfügbar unter http://wtm-verlag.de/ebook_download_23AzTG610UZ_2020_M7-M12/Beitraege_2018___ISBN9783959870894.pdf, zuletzt geprüft am 31.03.2021, 11:51 Uhr.

Kortemeyer, Jörg (2016): Mathematikverwendung in ingenieurwissenschaftlichen Grundlagenfächern am Beispiel der „Grundlagen der Elektrotechnik". In: Institut für Mathematik und Informatik der pädagogischen Hochschule Heidelberg (Hg.): Beiträge zum Mathematikunterricht 2016. Vorträge auf der 50. Tagung für Didaktik der Mathematik vom 07.03.2016 bis 11.03.2016 in Heidelberg, Bd. 2. 3 Bände. Münster: WTM – Verlag für Wissenschaftliche Texte und Medien, S. 557–560. Online verfügbar unter http://wtm-verlag.de/ebook_download/Beitraege_2016___ISBN97839598 70153.pdf, zuletzt geprüft am 05.04.2021, 16:50 Uhr.

Kortemeyer, Jörg (2019): Mathematische Kompetenzen in Ingenieur-Grundlagenfächern. Analysen zu exemplarischen Aufgaben aus dem ersten Jahr in der Elektrotechnik. Wiesbaden: Springer Fachmedien (Studien zur Hochschuldidaktik und zum Lehren und Lernen mit digitalen Medien in der Mathematik und in der Statistik).

Krüger-Basener, Maria; Rabe, Dirk (2014): Mathe0 – der Einführungskurs für alle Erstsemester einer technischen Lehreinheit. In: Bausch, Isabell; Biehler, Rolf; Bruder, Regina; Fischer, Pascal Rolf; Hochmuth, Reinhard Karl; Koepf, Wolfram; Schreiber, Stephan; Wassong, Thomas (Hg.): Mathematische Vor- und Brückenkurse. Konzepte, Probleme und Perspektiven. Wiesbaden: Springer Fachmedien (Konzepte und Studien zur Hochschuldidaktik und Lehrerbildung Mathematik), S. 309–324.

Lindmeier, Anke; Reichersdorfer, Elisabeth; Reiss, Kristina; Ufer, Stefan (2014): Der Übergang von der Schule zur Universität: Theoretische Fundierung und praktische Umsetzung einer Unterstützungsmaßnahme am Beginn des Mathematikstudiums. In: Bausch, Isabell; Biehler, Rolf; Bruder, Regina; Fischer, Pascal Rolf; Hochmuth, Reinhard Karl; Koepf, Wolfram; Schreiber, Stephan; Wassong, Thomas (Hg.): Mathematische Vor- und Brückenkurse. Konzepte, Probleme und Perspektiven. Wiesbaden: Springer Fachmedien (Konzepte und Studien zur Hochschuldidaktik und Lehrerbildung Mathematik), S. 37–54.

Nagel, Kathrin; Reiss, Kristina (2015): Verständnis mathematischer Fachbegriffe in der Studieneingangsphase. In: Caluori, Franco; Linneweber-Lammerskitten, Helmut; Streit, Christine (Hg.): Beiträge zum Mathematikunterricht 2015. Vorträge auf der 49. Tagung für Didaktik der Mathematik vom 09.02.2015 bis 13.02.2015 in Basel, Bd. 2. 2 Bände. Münster: WTM – Verlag für Wissenschaftliche Texte und Medien, S. 652–655. Online verfügbar unter http://wtm-verlag.de/ebook_download/Beitraege_2015___ISBN9783959870115.pdf, zuletzt geprüft am 05.04.2021, 17:08 Uhr.

Püschl, Juliane (2019): Kriterien guter Mathematikübungen. Potentiale und Grenzen in der Aus- und Weiterbildung studentischer Tutorinnen und Tutoren. Wiesbaden: Springer Fachmedien (Studien zur Hochschuldidaktik und zum Lehren und Lernen mit digitalen Medien in der Mathematik und in der Statistik).

Roegner, Katharine; Seiler, Rudi; Timmreck, Dagmar (2014): E-xploratives Lernen an der Schnittstelle Schule/Hochschule. In: Bausch, Isabell; Biehler, Rolf; Bruder, Regina; Fischer, Pascal Rolf; Hochmuth, Reinhard Karl; Koepf, Wolfram; Schreiber, Stephan; Wassong, Thomas (Hg.): Mathematische Vor- und Brückenkurse. Konzepte, Probleme und Perspektiven. Wiesbaden: Springer Fachmedien (Konzepte und Studien zur Hochschuldidaktik und Lehrerbildung Mathematik), S. 181–196.

Schoening, Mirco; Wulfert, Reinhard (2014): Studienvorbereitungskurse „Mathematik" an der Fachhochschule Brandenburg. In: Bausch, Isabell; Biehler, Rolf; Bruder, Regina; Fischer, Pascal Rolf; Hochmuth, Reinhard Karl; Koepf, Wolfram; Schreiber, Stephan; Wassong, Thomas (Hg.): Mathematische Vor- und Brückenkurse. Konzepte, Probleme und Perspektiven. Wiesbaden: Springer Fachmedien (Konzepte und Studien zur Hochschuldidaktik und Lehrerbildung Mathematik), S. 213–230.

Schott, Dieter (2012): Das Gottlob-Frege-Zentrum der Hochschule Wismar bricht eine Lanze für die Mathematik. In: Begabtenförderung Mathematik e.V. (Hg.): Mathematikinformation (56), S. 42–49. Online verfügbar unter http://www.mathematikinformation.info/pdf2/MI56Schott.pdf, zuletzt geprüft am 07.04.2021, 15:22 Uhr.

Schott, Dieter (2020): Zur Entwicklung der Mathematiklehre in den letzten 30 Jahren unter besonderer Berücksichtigung des Ingenieurstudiums. In: Schott, Dieter (Hg.): Proceedings 16. Workshop Mathematik in ingenieurwissenschaftlichen Studiengängen. Dortmund (WFR Heft, 02/2020), S. 4–24.

Uni Gießen (2011): Synopse. Gießen. Online verfügbar unter https://www.uni-giessen.de/mug/7/pdf/7_34/synopsen/7_34_synopse_11/at_download/file, zuletzt geprüft am 26.03.2021, 09:34 Uhr.

Uni Siegen (2013): Modulhandbuch für das Lehramt Berufskolleg (BK) mit der Beruflichen Fachrichtungen Elektrotechnik sowie der Beruflichen Fachrichtung Technische Informatik. Online verfügbar unter https://www.uni-siegen.de/zlb/studium/bama/downloads/mhb/bk/mhb_elektrotechnik-ba.pdf, zuletzt geprüft am 01.06.2021, 10:04 Uhr.

Uni Siegen (2020): Bewerbungs-/Einschreibungsverfahren für beruflich Qualifizierte. Online verfügbar unter http://www.uni-siegen.de/zsb/docs/bewerbung/bq_grafik_hp_juni2020. pdf?m=e.

Wälder, Konrad; Wälder, Olga (2013): Wie viel Mathematik braucht ein Ingenieur? In: Biehler, Rolf; Büchler, Bernd; Göller, Robin; Hochmuth, Reinhard; Hoppenbrock, Axel; Schreiber, Stephan; Rück, Hans-Georg (Hg.): Mathematik im Übergang Schule/Hochschule und im ersten Studienjahr. Extended Abstracts zur 2. khdm-Arbeitstagung 20.02 – 23.02.2013. Kassel (khdm-Reports, 13–01), S. 160–161.

Weinhold, Christiane (2014): Wiederholungs- und Unterstützungskurse in Mathematik für Ingenieurwissenschaften an der TU-Braunschweig. In: Bausch, Isabell; Biehler, Rolf; Bruder, Regina; Fischer, Pascal Rolf; Hochmuth, Reinhard Karl; Koepf, Wolfram; Schreiber, Stephan; Wassong, Thomas (Hg.): Mathematische Vor- und Brückenkurse. Konzepte, Probleme und Perspektiven. Wiesbaden: Springer Fachmedien (Konzepte und Studien zur Hochschuldidaktik und Lehrerbildung Mathematik), S. 243–258.

Printed in the United States
by Baker & Taylor Publisher Services